EX—LIBRIS

杨佴旻 《花与果》 2010

U0389766

大 自 然 博 物 馆 百科珍藏图鉴系列

恐龙与史前生命

大自然博物馆编委会　组织编写

化学工业出版社

·北京·

图书在版编目（CIP）数据

恐龙与史前生命 / 大自然博物馆编委会组织编写 . —北京：化学工业出版社，2019.1（2024.10 重印）
（大自然博物馆 . 百科珍藏图鉴系列）
ISBN 978-7-122-33295-0

Ⅰ . ①恐… Ⅱ . ①大… Ⅲ . ①恐龙 - 图集②古动物 - 图集 Ⅳ . ①Q915-64

中国版本图书馆 CIP 数据核字（2018）第 258397 号

责任编辑：邵桂林　　　　　　　　　　　　责任校对：边　涛
装帧设计：任月园　时荣麟

出版发行：化学工业出版社（北京市东城区青年湖南街13号　邮政编码100011）
印　　装：涿州市般润文化传播有限公司
850mm×1168mm　1/32　印张10　字数280千字　2024年10月北京第1版第2次印刷

购书咨询：010-64518888　　售后服务：010-64518899
网　　址：http://www.cip.com.cn
凡购买本书，如有缺损质量问题，本社销售中心负责调换。

定　　价：59.90元

大 自 然 博 物 馆 百科珍藏图鉴系列

编写委员会

总序

人 · 自然 · 和谐

中国幅员辽阔、地大物博，正所谓"鹰击长空，鱼翔浅底，万类霜天竞自由"。在九百六十万平方千米的土地上，有多少植物、动物、矿物、山川、河流……我们视而不知其名，睹而不解其美。

翻检图书馆藏书，很少能找到一本百科书籍，抛却学术化的枯燥讲解，以其观赏性、知识性和趣味性来调动普通大众的阅读胃口。

《大自然博物馆·百科珍藏图鉴系列》图书正是为大众所写，我们的宗旨是：

- 以生动、有趣、实用的方式普及自然科学知识；
- 以精美的图片触动读者；
- 以值得收藏的形式来装帧图书，全彩、铜版纸印刷。

我们相信，本套丛书将成为家庭书架上的自然博物馆，让读者足不出户就神游四海，与花花草草、昆虫动物近距离接触，在都市生活中撕开一片自然天地，看到一抹绿色，吸到一缕清新空气。

本套丛书是开放式的，将分辑推出。

第一辑介绍观赏花卉、香草与香料、中草药、树、野菜、野花等植物及蘑菇等菌类。

第二辑介绍鸟、蝴蝶、昆虫、观赏鱼、名犬、名猫、海洋动物、哺乳动物、两栖与爬行动物和恐龙与史前生命等。

随后，我们将根据实际情况推出后续书籍。

在阅读中，我们期望您发现大自然对人类的慷慨馈赠，激发对自然的由衷热爱，自觉地保护它，合理地开发利用它，从而实现人类和自然的和谐相处，促进可持续发展。

前言

　　帝鳄，生存在早白垩纪的非洲，是存活过的最大型鳄类动物之一，几乎是现今咸水鳄的2.5倍长，重量是6~8吨。

　　风神翼龙，生存于晚白垩纪，翼展长达11米，是人类已知最大的飞行动物。

　　泰坦蟒，早在近5800万年前就已灭绝，据推测其体长约14米，体重超过1100千克，是已知最大的蛇。

　　邓氏鱼，生活于志留纪晚期至泥盆纪晚期，身长约11米，重量达6吨，咬合力达5吨，是地球史上迄今出现过的最大的食肉硬鱼类，主要食物是有硬壳保护的鱼类及无脊椎动物。

　　泰坦巨鸟，大型肉食性及不能飞行的鸟类，6200万~200万年前生存在南美洲。

　　哈斯特巨鹰，有史以来最大的食肉鸟类之一，目前已灭绝，曾是新西兰岛上最主要的食肉动物。为了在森林中飞行，它必须缩短翅膀。它的一只大爪子只需在猎物头上或者脖子上一击，就能让猎物当场毙命。

　　……

　　在遥远的史前时代，地球上生活着多种巨大又神秘的动物，今人通过化石发掘，已渐渐窥见其真面目。它们真实地在蓝色星球上存在过，由于种种原因又走向灭绝或者进化得跟远古时期的面貌差距甚远，例如鸭嘴兽和鳄鱼等。

大约6500万年前中生代末的白垩纪，发生了"生物大灭绝"事件，使得当时地球上的霸主——支配全球陆地生态系统超过1.6亿年的恐龙家族走向灭亡——大部分恐龙已经灭绝，但恐龙的后代——鸟类却存活下来并繁衍至今。

　　关于生物大灭绝的原因，有陨石撞击说、气候变迁说、物种斗争说、大陆漂移说、地磁变化说、植物中毒说、酸雨说、造山运动说、海洋退潮说、温血动物说、自相残杀说、压迫学说、气温雌雄说、物种老化说、生物碱学说、繁殖受挫理论、气候骤变理论、大气变化理论等，不一而足。今天，人们看到的只是那时留下的大批恐龙化石。通过这些化石复原，可以窥见昔日地球霸主们的雄风。

　　本书收录了119种史前动物和恐龙，涵盖水生和陆生种类，介绍其形态、习性和物种起源等，充分满足你对史前生命探索的好奇心。全书图片400余幅，精美绝伦，文字生动有趣、信息丰富、知识性强，是值得珍藏的恐龙与史前生命百科读物，适于生物爱好者、恐龙爱好者与科普爱好者阅读鉴藏。

本书详细讲述了全世界100多种史前动物和恐龙的生活年代、形态、习性和物种信息等。阅读前了解如下指南，有助于您获得更多实用信息。

篇章指示

PART 7 白垩纪

物种名称
提供中英文名称

生活年代
生存时期描述

总体描述
对物种予以生动的介绍

形态
介绍物种的体型、体长、体重和形态特点

习性
介绍物种的活动、食性和生活史

图片展示
形象说明物种的特征

南方巨兽龙 Giant southern lizard

生活年代： 距今约1亿年前～9200万年前白垩纪早期森诺曼阶

　　南方巨兽龙是地球史上最厉害的掠食者，要对付的猎物绝非容易应付的小型食龙，而是差不多生活在同一时期同一地点的阿根廷龙——地球史上数一数二的庞草恐龙。南方巨兽龙的每颗牙齿都如同锐利匕首一样，边缘还带有锯齿，所有牙向后弯曲，如果某个牙齿脱落，新的牙齿很快能长出来填补空缺。曾有科学家推南方巨兽龙猎食时，只需在猎物身上结结实实地咬上一大口，那产生的伤口就足对方流血致死。

形态 南方巨兽龙体型巨大，体长12～13米，体重4.2～13.8吨，头骨较低，1.53～1.80米，口鼻部较大，呈钩状结构，硕大的嘴巴长有70颗锋利的牙最大的牙齿长约30厘米。颈部十分强壮，后面的椎骨短而扁平，通过一个半状结构与前半部相连。肩胛骨较短，通常是暴龙的0.5倍。高高的神经棘从部一直延伸到尾椎，身体前半部分的神经棘呈叶状；前肢较为短小，掌上指；后肢十分粗壮，呈"S"形；尾部长而粗壮。

习性 活动：常用后肢行走，为二足恐龙，运动时迅猛有力，奔跑时长尾巴会随着身体来回摆动以保持身体的平衡，时速最高可达60千米。食性食性，捕食时常成群出没，以大型或巨型蜥脚类恐龙为食，如地球史上数数二的庞大食草恐龙阿根廷龙。生活史：目前研究结果表明，雄性可能通过出精液到雌性恐龙的泄殖腔进行繁殖，雌性个体一般较雄性个体大，一命较长，达到成熟时间所需要时间较长。

最初的化石存放在阿根乌肯的卡门菲耐斯市立馆，其复制品在其他许方展出，如悉尼的澳洲馆。它们经常会出现在文化中，如影视作品《龙共舞》《巨龙国度》险小恐龙》、IMAX电影塔哥尼亚的巨兽》等

科属：鲨齿龙科，南方巨兽龙属 ｜ 学名：Giganotosaurus Coria & Salgado

科属 物种科学分类

学名 物种的生物学命名

物种

详细介绍具体史前动物和恐龙的物种起源、发现与发掘信息、化石以及命名情况等。

物种 1993年，考古学家Ruben D. Carolini在阿根廷巴塔哥尼亚平原进行考古发掘时意外地发现一块新的化石，证明在远古的阿根廷曾可能存在过一种可怕的怪兽，直到1995年，这种恐龙被命名为"南方巨兽龙"。这块化石包括部分头骨、部分颈椎、肩胛骨、大部分脊椎骨和部分肋骨、骨盆以及大部分后肢还有部分尾椎；之后多年都对它的体型数据进行不断的完善和修正。

2001年，Seebacher计算估计南方巨兽龙正模MUCPv-Ch1约6594千克；2004年Mazzeta在论文中指出MUCPv-Ch1的体积和一般的霸王龙体积相等。2006年之后，科学家将研究重点转移到对南方巨兽龙的社会行为研究，古生物学界普遍认同南方巨兽龙应该是智力较低的恐龙，没有复杂行为，如社会结构等，但智力足够让它们有较复杂的行为，如群居观念，甚至推测认为这种强大的恐龙从群居中学会合作猎食的技能，但关于这方面的推测还需要更多考古证据。

| 别名：巨兽龙、超帝龙 | 分布：阿根廷巴塔哥尼亚 |

别名 物种的俗名　　**分布** 物种生存和分布的地区

目录

PART 8
第三纪

索 引

参考文献

史前生物

从38亿年前到大约公元前3500年人类开始保留文字纪录以前，生活于地球上的生物体，包括海洋中类似细菌的细胞生物、藻类与原生生物，以及真核多细胞生物，如真菌、植物、软体动物、昆虫与脊椎动物等。

99%的史前生物已经灭绝，留下遗骸、脚印或化石。

少数史前生物依然生存于地球上，例如被称作"活化石"的生物腔棘鱼等，再如鲨鱼——经过数亿年也没有太大改变。

生命原初

最初，地球上并没有生命。那么生命是如何产生的呢？据说，来自地球内部或来自撞击地球的小行星和彗星的化学物质是构成早期生命的一部分。

地球上生命的扩散和发展经历了漫长时间。

在几十亿年间，单细胞的海洋生物一直是地球上仅有的生物。而后大约在6亿年前，海洋里的细胞开始分裂并连接在一起形成更大、更复杂的生命形式。

早期生物

寒武纪时期，成千上万种新生物在海底诞生。形状像香槟酒杯一样和生活在管状及角状结构里的动物最早出现，随后长有硬壳的草食动物和最早的捕食动物也出现了。

恐龙崛起

1.6亿年前，恐龙的前辈们开始从海洋中爬上陆地，并逐步开始其对地球的控制。它们大多数有着矫健的四肢、长长的尾巴和庞大的身躯，主要栖息于湖岸平原（或海岸平原）上的森林地或开阔地带。

其他动物

欧巴宾海蝎，寒武纪的远古动物，长有5只带柄的眼，科学家们推测有可能是虾的远亲

水龙兽，已绝灭的类哺乳爬行动物，头大、颈短、体桶状；体形有点类似今日的河马。

猛犸象，冰川世纪的一个庞然大物，陆地上生存过的最大的哺乳动物之一，体重可达12吨。

此外，还有三叶虫、史前巨蜻蜓、石爪兽等。

欧巴宾海蝎

板齿犀

猛犸象

水龙兽

中华龙鸟

始祖鸟

尾部

尾部同其他陆生四足动物一样，基本功能是在陆地上行走和奔跑时平衡身体；有的植食性恐龙的尾巴呈鞭状，或者着生有尾刺、尾锤等，具有防御敌害的作用

所具有的生长速率和新陈代谢速率介于现代冷血动物和温血动物之间，中等程度的新陈代谢使得恐龙可以长得比任何哺乳动物都要大

体型

整体体型很大，即使体型最小的蜥脚类恐龙也比栖息地内的其他动物要大，最大的蜥脚类则比任何出现在地表的动物都要大出几个等级

臀窝朝向两侧，股骨的第四转子往内侧，两者契合，股骨头垂直于股骨干，产生直立的步态

骨骼

后额骨缺失；肱骨有低矮的三角嵴，附着胸锁三角肌，长度约是肱骨的1/3~1/2；肠骨后部有个突出区块，髋臼穿孔；胫骨末端边缘宽广，有个往后的凸缘；距骨有个明显上突与胫骨契合

头部大小与骨骼与肌肉结构有关；眼睛分布在两侧，没有交叉视野

姿态

具有直立的步态，类似大部分的现代哺乳类，四肢在躯体正下方，比其他各类爬行动物（如鳄类，其四肢向外伸展）在走路和奔跑上更为有利

繁殖

筑巢、产卵、照顾下一代；巢一般是泥巢或沙上凹坑，有些雌恐龙产完蛋后便离开，让卵自己孵化；有些则留在巢边，保护卵和刚孵出的小恐龙

生物的进化

指一切生命形态发生、发展的演变过程。1762年，瑞士学者邦尼特首先将该术语应用于生物学中。后来，达尔文基于此提出物种起源理论。

生物进化

进化特征

生物进化是从水生到陆生、从简单到复杂、从低等到高等，呈现如下特征：

1. 形态结构逐步复杂化、完善化，生理功能愈发专门化，效能逐步增高。

2. 遗传信息量逐步增加。

3. 外界环境的自主性、适应性逐步提高。

生物界中还存在特化和退化现象。

特化是生物对某种环境条件的特异适应。当环境条件变化时，高度特化的生物类型往往由于不能适应而灭绝，如爱尔兰鹿，由于过分发达的角对生存弊多利少，以至终于灭绝。进化过程中也有退化，但从有机界总体进化过程看，进步性发展是主流和本质。

进化方式

自然界的生物，通过激烈的生存斗争，适应者生存下来，不适应者被淘汰掉，这就是自然选择。

渐进进化是达尔文进化论的基本概念。达尔文认为，在生存斗争中，由适应的变异逐渐积累就会发展为显著的变异而导致新种的形成。

对化石的研究发现，在进化史上相当长时间处于较为沉寂的时期，新种化石很少；有时大量的物种化石集中出现在较短的地质年代，如寒武纪大爆发。

间断平衡说则认为化石的不连续性说明生物进化是不连续的，新物种短时间内迅速出现，然后是长时间的进化停滞，直到另一次快速的物种形成出现。

进化内容

生物生存和进化的基本单位是种群，通过自然选择实现——自然选择的对象不是个体而是一个群体。种群也是生物繁殖的基本单位，个体不是集合在一

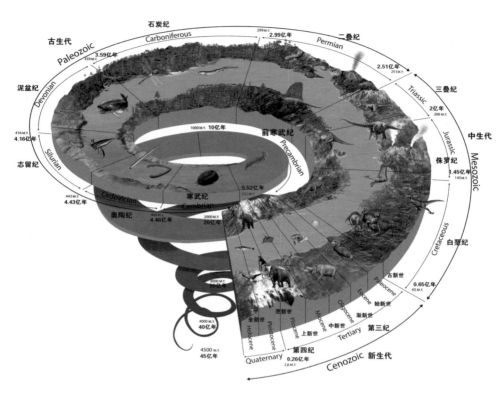

地址年代与物种进化

　　地球上孕育了大量的生命，从细菌到单细胞、从单细胞到复杂生命，这之间的历程承载了46亿年的地球历史。

　　在研究生物进化的过程中，化石是重要证据：越古老的地层中，形成化石的生物越简单、低等，水生生物较多；越晚近的地层中，形成化石的生物越复杂、高等、陆生生物较多，因此证明生物进化的总体趋势是从简单到复杂、从低等到高等、从水生到陆生。

从水生到陆生的进化阶段

地质年代

用来描述地球历史事件的时间单位，通常在地质学和考古学中使用。

时间单位从大到小依次是宙—代—纪—世—期—时。地质年代从古至今依次为：隐生宙（前寒武纪）、显生宙。

隐生宙

冥古宙

太古宙之前的一个宙，开始于地球形成之初，结束于38亿年前，是地球最原始外壳形成的时期。

太古宙

始于内太阳系后期重轰炸期的结束，结束于25亿年前的大氧化事件，是地球岩石开始稳定存在并可以保留的时期。

元古宙

距今约25亿～5.7亿年，是重要成矿期。

显生宙

古生代

即远古的生物时代，持续约3亿年。

寒武纪

距今约5.42亿~4.85亿年。生命大爆发，绝大多数无脊椎动物在短短几百万年间出现了。

奥陶纪

距今约4.85亿~4.43亿年。气候温和，浅海广布，世界许多地区都被浅海海水掩盖，海生生物空前发展。

志留纪

距今约4.4亿~4.1亿年。物种在经历奥陶纪末灭绝事件后进入复苏阶段。

侏罗纪是中生代的第二个纪，恐龙成为陆地统治者，鸟类出现，哺乳动物发展，裸子植物极盛等，随着恐龙灭绝，中生代结束，新生代开始

泥盆纪

距今4.05亿~3.5亿年。早期裸蕨类繁荣，晚期两栖动物出现。

石炭纪

距今3.55亿~2.95亿年。陆地面积增加，陆生生物空前发展。气候温暖、湿润，沼泽遍布，出现大规模森林。

二叠纪

距今约2.99亿~2.5亿年。陆地面积进一步扩大，海洋范围缩小，重要的成煤期，爬行动物首次大量繁盛。

中生代

爬行动物盛行，尤其是恐龙，又称为爬行动物时代。

三叠纪

距今2.5亿~2亿年。开始和结束各以一次灭绝事件为标志。气候炎热干燥，地球上形成一块巨大的大陆——盘古大陆。

侏罗纪

距今1.99亿~1.46亿年。前期动植物非常稀少，中晚期以后恐龙成为地球上最繁盛的优势物种。

白垩纪

距今1.45亿~8000万年。大陆被海洋分开，地球变得温暖、干旱。恐龙统治着陆地。被子植物出现。晚期恐龙灭绝。

新生代

距今6500万年。地球历史上最新的一个地质时代。被分为三个纪：古近纪、新近纪和第四纪；总共包括七个世：古新世、始新世、渐新世、中新世、上新世、更新世和全新世。哺乳动物和被子植物高度繁盛，生物界呈现现代面貌。

恐龙蛋是非常珍贵的古生物化石，有圆形、卵圆形、椭圆形、长椭圆形和橄榄形等，大小悬殊

化石证据

　　化石是存留在古代地层中的古生物遗体、遗物或遗迹，是由于火山爆发、泥石流等自然灾害瞬间将其掩埋隔离氧化形成。

　　生物分界一般以一万年前为界限，一万年前的生物为古生物，一万年前以后的为现生生物。

　　研究化石可了解生物的发展情况，并能据以确定地层的年代。

　　地球上曾经生活过无数生物，它们的遗体或生活痕迹被泥沙掩埋起来。

　　在漫长的岁月中，生物遗体中的有机质被分解殆尽，坚硬外壳、骨骼、枝叶等与周围沉积物一起被石化变成石头，保留着原来的形态、结构；生活痕迹也被如此保留下来。

　　发掘和考察一个化石点需要较长时间。有时骨骼化石被埋在沙子里甚至岩石里，要把它们取出来，就需要一点点地把岩石凿开，还需要避免损坏化石。

　　通过研究化石，科学家可以认识古生物的形态、结构、类别，推测生物起源、演化、发展过程，恢复漫长的地质历史时期各个阶段地球的生态环境。

恐龙残体，如牙齿、骨骼等，统称为体躯化石；恐龙的遗迹，如足迹、巢穴、粪便或觅食痕迹，也可能形成化石保存下来，被称为生痕化石；它们是研究恐龙的主要依据，由此推断出恐龙的类型、数量、大小等

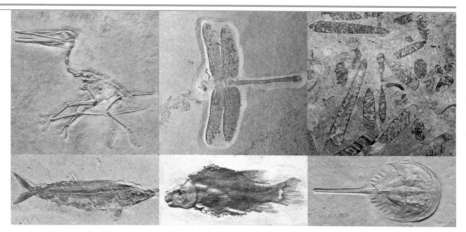

始祖鸟化石、史前巨蜻蜓化石、鱼类化石、三叶虫化石等

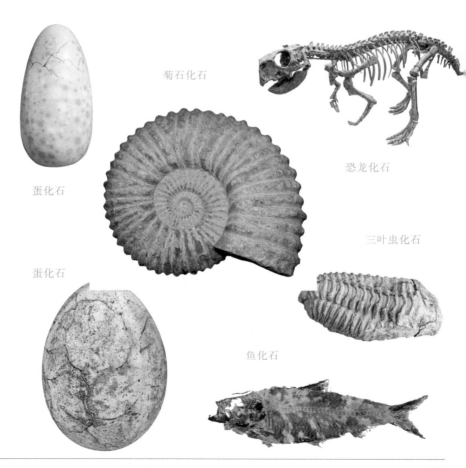

蛋化石

菊石化石

恐龙化石

三叶虫化石

蛋化石

鱼化石

PART 1

寒武纪

三叶虫 Three lobes

生活年代：*距今约5.6亿年前的寒武纪*

所有化石动物中，三叶虫种类最为丰富，至今已确定的有十个目，两万多个种。三叶虫身体从上往下可以分为头部、胸部和尾部，身体分为中轴及左右对称的两个肋部，形似垂直的三片叶。人们根据这一特点，将它命名为"三叶虫"。

形态 三叶虫身体形状为卵形或椭圆形，成虫体长3~10厘米，宽1~3厘米，较小个体体长6毫米以下。身体外侧包裹一层外壳，表面光滑，或有陷孔、瘤包、斑点、放射形线纹、同心圆线纹、短刺等；腹面节肢为几丁质，其他部分覆盖着一层柔软薄膜；头部被两条纵沟分成三叶，中间隆起部分为头鞍及颈环，两侧为颊部，眼位于颊部；胸部由2~40节胸节组成，形状不一；尾部为半圆形，由1~30节体节互相融合而成。

习性 **活动**：可在浅海中游泳，但游泳能力不强，不能进行长时间游动，有时需随水漂流，也可以在浅海底爬行。**食性**：杂食性，常以原生动物、海绵动物、腔肠动物、腕足动物等的尸体或以海藻等细小生物为食。**生活史**：雌雄异体，采取卵生繁殖方式，个体发育过程中常需经过3个阶段，即幼虫期、分节期、成虫期。幼年期虫体的头部和尾部尚不分明，没有胸节，虫体直径0.24~1.3毫米；分节期虫体头部和尾部已经分开，胸节也已经发育，但节数比成年期少一节；成年期虫体的胸部与尾部节数增加到极限，虫体增大，壳上的刺、瘤等附加物均出现。

三叶虫化石

| 科属：三叶虫科，三叶虫属 | 学名：Trilobites Walch |

物种 早在300多年前的明朝崇祯年间，张华东在山东泰安大汶口发现了一种包埋在石头里的"怪物"，外形容貌颇似蝙蝠展翅，将它命名为"蝙蝠石"。20世纪20年代，我国古生物学家对"蝙蝠石"进行研究，弄清楚这原来是一种三叶虫的尾部。在国外，1698年，鲁德把一个头部长有三个圆瘤的三叶虫化石命名为"三瘤虫"；1771年，瓦尔其根据这种动物的形态特征，即身体从纵横两方面来看都可以分成三部分，给出一个恰如其分的名称"三叶虫"。我国的三叶虫最早由许多国外专家和探险家进行命名和报道，民国时期卢衍豪教授的研究做了重要的起步工作，新中国建立后我国开始系统研究三叶虫，但在分类研究方面仍很混乱。截至目前，在全世界发现的三叶虫化石可以分为上万种，对三叶虫的研究也已经比较透彻；由于三叶虫化石的研究发展非常快，非常适合被用做标准化石，地质学家使用它们来确定含有三叶虫石头的年代，至今为止每年还有新的物种被发现。

史前动物中的"大明星"，化石数量十分巨大，人们有时也将它生活的时代称为"三叶虫时代"。1958年4月15日，我国发行了一套《中国古生物》邮票，第一枚就是"蒿里山三叶虫"；近年，有关它的报道屡见不鲜，它还经常出现在一些科普图书和影视作品中

别名：蝙蝠虫 | 分布：哥伦比亚、纽约州、中国、德国

欧巴宾海蝎 Unknown

生活年代：距今约5.3亿年前的寒武纪中期

5只带柄的眼睛

　　欧巴宾海蝎身材娇小，长相奇特，很像科幻电影中的"小怪物"。它最奇怪的地方要数头部，头上顶着5只带柄的眼睛，并从头部下方伸出一个长长的嘴巴，软软的，长得和大象鼻子很像，在嘴顶端还长有一个锋利的"爪子"，是捕食的利器。它就是通过这个"爪子"来卷起海床的泥沙，再捕捉海床洞穴内的小虫作为美食。

形态 欧巴宾海蝎体型较小，身上具有环节结构，体长41～70毫米，身体外表面具有未矿化的外骨骼。头顶上长有五颗以眼柄支撑并向外突出的眼睛；头部下方长有如同长袜一般的吻部，吻较柔软，末端还具有一些刺状物。身上具有14对附肢，均呈桨状。

习性 **活动：**可在浅海中游泳，但游泳能力不强，不能进行长时间游动，有时需随水漂流，可在海床底部以带刺长吻搜索食物。**食性：**杂食性，常以原生动物、海绵动物、腔肠动物、腕足动物等的尸体，海床洞穴内的小虫及藻类植物的碎片为食。**生活史：**目前研究表明，欧巴宾海蝎采取卵生繁殖方式，雌性个体在交配后，通常将卵产在海底沙石上，个体发育过程中可能需经3个阶段，即幼虫期、分节期、成虫期。幼虫期个体极小，有时肉眼不可见，分节期和成虫期的个体差异不是很大。

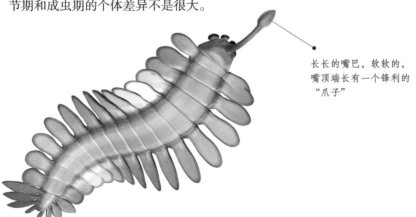

长长的嘴巴，软软的，嘴顶端长有一个锋利的"爪子"

科属：欧巴宾海蝎科，欧巴宾海蝎属　|　学名：Opabinia regalis Walcott Walch

物种 Charles Doolittle Walcott 曾在波基斯页岩中发现了9个几乎完整的欧巴宾海蝎化石，1912年对它详细描述。1966～1967年，Harry B. Whittington发现了另一块保存十分完好的化石

14对附肢，均呈桨状

标本，通过研究之前标本的解剖特征和一些标本图像，1975年对欧巴宾海蝎的形态特征、生理习性和社会行为等进行了详细描述。之后，几乎每年都会发现一些欧巴宾海蝎化石标本，直到2013年，一些外国科学家研究表明，欧巴宾海蝎可能是地球上出现的最早期生物，和现今的海绵一样，根部可能都扎在海底，并可过滤水中的食物颗粒。欧巴宾海蝎的发现，说明从寒武纪开始，地球上便开始出现各种各样的生物，其中包括一些非常奇特的、与现代生物大相径庭的种类。

地球上出现最早的长5只眼睛的生物，这一形象奠定了它在古生物界的地位。从古至今，各种相关报道屡见不鲜；它还经常出现在科普读物中

别名：不详 ｜ 分布：加拿大

PART 2
036~037页

奥陶纪

广翅鲎 Sea scorpions

生活年代：距今约4.6亿～4.45亿年前的
奥陶纪

广翅鲎体型较小，俯视时会发现它
像一根古代用的长枪尖端。别看它体型很
小，还是挺厉害的，既可以在水中生活，
又可以生活在陆地上。它还很聪明，知道
自己体型不大，不是大型生物的对手，常
常会躲开大型生物的视线，采取伏击方式
来猎食一些小型生物。在它生活的那个时
代，它最害怕菊石类生物，因为菊石类生
物只要见到它们，就一定会将其吃掉。

▲

一种危险而且适应性强的节肢动物，全身上下
覆盖着厚厚的外骨骼形成的铠甲，功能是保护
身体，即使在大洋深处，在觅食方面没有任何
困难，它的叮咬能麻痹猎物，很快使其丧失防
御能力

形态 广翅鲎与其他节肢动物相比，体
型相对较小，大部分个体身体呈延长披
针状，少数个体身体呈三叶状，体长约
2.5米。身体背面覆盖着半圆形甲壳，
共分为12节，身体前半部分有7节，后
半部分为5节。头部中等大小，其上具
有一对较大的复眼，口部十分宽大。共
有5对足，其中4对为步行足，每个足上
都长有几根毛，前端具有两个爪，最后
一对足进化为游泳足，呈船桨状。尾部
末端尖而细长。

习性 **活动：**可在水域中自由灵活地游动，也可以在海床沙石上或陆地上爬
行，休息时常静息在海底泥沙中。**食性：**肉食性两栖动物，常以水域中各种
小型生物为食，如小鱼、小虾等，有时食自己的卵。**生活史：**目前研究表
明，每年繁殖季节，雌性会寻找合适的产卵位置，通常将卵产在海底沙石
上，但成年广翅鲎会以同类的卵为食。

科属：广翅鲎超科，广翅鲎属 | 学名：Eurypterid Burmeister

物种 大部分广翅鲎化石都是在美国纽约发现的，截至目前已经发现了16个种的化石。它的第一块化石由 S. L. Mitchill博士发现；1825年，动物学家James Ellsworth De Kay对广翅鲎属进行了描述，发现广翅鲎实际上是一种节肢动物。后期，科学家们研究了所有发现的广翅鲎化石，最终明确了它的生活习性。它是一种生活在河口和三角洲附近的可怕食肉动物，群居，全身上下覆盖着厚厚的外骨骼形成的铠甲，功能是保护身体；部分种类的头部长出两只巨大的钳子，由第二对足演化而来，通过第三和第四对足行走，第五对足用来游泳。广翅鲎的腿在进化中不断变粗，具有在陆地上活动的能力。另有研究表明，广翅鲎除了原有的腮以外，已经进化出第二套腮，可呼吸空气中的氧气，具备登上陆地进行两栖式生活的条件。

广翅鲎是一种灭绝了的史前动物，对于人们来说比较陌生。它很少出现在儿童科普类图书及科教探索类电视节目中。1984年，广翅鲎属的板足鲎曾被选为纽约州官方标本

别名：海蝎子、帝鲎 | 分布：美国

PART 3
040~041页

志留纪

邓氏鱼 Unknown

生活年代：距今约3.6亿～4.3亿年前的志留纪晚期至泥盆纪晚期

邓氏鱼长相十分凶猛，有强有力的体格和包裹着甲板的头部，对食物毫不讲究，可以吃鲨鱼、其他海洋生物甚至是同类。历史的舞台上，永远没有"常胜将军"，在进化过程中，邓氏鱼大大的体型限制了它活动时的速度和灵敏度，逐渐输给了鲨鱼和其他肉食鱼类；再加上泥盆纪末期地球环境变化，最终使它离开了生物繁衍进化的舞台。

形态 邓氏鱼体型巨大，体长约11米，体重达6吨。身体呈纺锤形，类似于鲨鱼；背部颜色较深，腹部呈银色；头部与颈部覆盖着厚重且坚硬的外骨骼；口内没有牙齿，代替牙齿的是位于吻部的头甲，如铡刀一般，非常锐利；胸鳍较长，背鳍略呈梭形，尾鳍形状不是很规则，上部较尖。

习性 **活动**：体型大，游动速度和反应灵敏度都不是很快，常成群活动在较浅海域。**食性**：肉食性，食欲异常旺盛，常以小型鲨鱼、硬骨鱼、三叶虫、菊石、鹦鹉螺、盾皮鱼等为食，缺乏食物时会食用同类。**生活史**：可能和鲨鱼具有相同的繁殖行为，雌雄交配受精后，雌性将卵储存在第一节脊椎处；经一段时间后，雌性直接产出活的幼仔；幼体邓氏鱼吻部头甲的咬合能力与成体一样，可独立生活，无需成年个体照顾。

捕食时十分凶残，一口就可以将小型鲨鱼撕成两半，当时是海洋界的霸主

科属：恐鱼科，邓氏鱼属 | 拉丁学名：Dunkleosteus terrelli Lehman

物种 1873年，人们详细地描述了邓氏鱼的模式种Dunkleosteus terrelli；1956年，人们对邓氏鱼进行正式命名，以纪念克里夫兰古脊椎生物自然历史博物馆的馆长David Dunkle。之后很多年，人们对它进行了深入研究，显示它是恐鱼科的代表性成员和已知盾皮鱼家族中体型最大的成员，是志留纪和泥盆纪海洋的绝对霸主；但在进化中，由于体型过于巨大，大大限制了其行动速度，在与鲨鱼较量中逐渐处于下风而灭绝。人们还研究了它身体表面的色素细胞，表明其背部颜色较深，腹部则呈银色。经过多年研究，最终确定了它的形态特征、生理习性及社会行为等方面的信息。

邓氏鱼虽然是一种灭绝了的史前动物，但对人们来说并不陌生，它经常出现在一些儿童科普类图书及科教探索类的电视节目中，还曾出现在游戏《饥饿的鲨鱼世界》中

别名：恐鱼 | 分布：摩洛哥、波兰、比利时、美国

PART 4
044~047页

二叠纪

异齿龙 Two measures of teeth

生活年代：距今约2.95亿～2.75亿年前的二叠纪
时期

异齿龙，顾名思议，有两种形态差异很
大的牙齿，此外背部还有高高的帆状
物，使它的形象"高大"了许多。人们
根据这一特点，也称它为"帆龙"。它十
分凶猛，是当时生态系统的顶级掠食者，
很多动物都可以成为其口中餐。

形态 异齿龙体型中等，体长1.7～4.6米，体重在个体之间变化较大，通常为
28～250千克；背部具有高大的背帆。头颅骨较大，其上有一个大型孔洞；有
两种不同形态的牙齿。前肢肌肉非常发达，掌上具有五根手指，前三根手指比
较长，其上还有钝爪，第四和第五根手指又短又小。后肢掌部有三根朝前的长
脚趾，后肢的下段、脚踝和距骨都愈合在一起。尾巴较长，具有50个尾椎。

习性 **活动**：四足行走，行走方式可能类似于今天的蜥蜴，即常利用向侧边摊
开的四肢及大型尾巴来支撑身体活动。**食性**：食肉性，是当时生态系统的顶
级掠食者，常以鱼类和四足动物为食，如两栖类和爬行类动物，有时也以腐
肉为食。**生活史**：同其他恐龙一样，通过产卵方式繁殖；繁殖期雄性通常通
过背部的帆状物来吸引雌性；交配时，雄性通过喷出精液到雌性恐龙的泄殖
腔而使雌性受精。

科属：楔齿龙科，异齿龙属 | 学名：Monolophosaurus Cope

物种 19世纪70年代，美国古生物学家Edward Drinker Cope开始研究异齿龙，认为它是一种生存于二叠纪的四足生物，1875年和1940年，Cope又发现并命名了异齿龙下面的一些种，1973年研究了它的背帆，表明这帆状物可能是用来控制体温的，表面可使加热、冷却更有效率，这种温度调节非常重要——一只200千克的异齿龙体温从26℃上升到32℃时，若没有这种帆状物需要205分钟，若有则只需要80分钟；帆状物也有可能用于求偶或吓阻猎食者。Cope研究的化石都保存在美国自然历史博物馆和芝加哥大学博物馆。20世纪后，人们又发现并命名了很多其他种，通过这些发现更加明确了异齿龙的分类和进化。

1907年，纽约美国自然历史博物馆便展出了异齿龙的骨架，同年，《科学美国人》上也刊登了查尔斯·耐特所绘制的异齿龙想象图；在BBC电视节目《与巨兽共舞》中，异齿龙被描绘成有类似鳄鱼的孵蛋方式，幼体孵化后，出现类似科莫多龙的躲藏和掠食动物的方式，这些都只是制作单位的推测，尚无明确的化石证据；异齿龙还出现在迪士尼动画电影《幻想曲》的"春之祭"段落中，影片中，它在猎食了幻龙后被暴龙猎食；不仅如此，IOS开发的游戏《侏罗纪世界》中也有它的身影

别名：异齿兽、帆龙、长棘龙、两异齿龙 | 分布：欧洲、美洲

水龙兽 Shovel lizard

生活年代： *距今约2.5亿年前的二叠纪晚期至三叠纪早期*

水龙兽是一种十分神奇的生物，它经历了一次物种大灭绝，期间96％的海洋物种和70％的陆地脊椎动物都灭绝了，水龙兽却幸存下来。后来，人们研究发现，寿命短、体型小、繁殖早这三个特点帮助它幸存了下来，接下来便开始了"统治地球"的时代。它在地球上大规模繁衍，直到全球气候变化导致了其灭绝，然后由恐龙接管了统治地位。

头大、颈短、体桶状，体形有点类似今日的河马

形态 水龙兽体型较小，平均体长约0.9米。头骨构造特别，眼眶位置很高，直达头顶，眼眶前面的脸部和吻部不像其他近亲那样向前延伸，而是折向下方，使面部和头顶之间形成一个夹角，有时可达90度。面部很短；角质的喙状嘴内没有牙齿，只有上颌相当于犬齿的部位长有一对长牙。颈部较短，身躯呈桶状，四肢较粗壮。

习性 **活动**：爬行动物，四肢短而粗壮，强壮的肩胛骨可以增加行动速度，但限制了身体的灵活度；常在白天进行集群活动。**食性**：植食性，常以低矮的植物枝叶为食，坚硬的角质喙可以啃食坚硬的植物。**生活史**：目前研究表明，水龙兽的寿命较短，在年龄很小时便开始繁殖；繁殖季节，成年体会在地面上挖洞筑巢，然后将蛋或幼仔产在集中。

头骨很高，面部显著向下折曲，鼻位置很靠上，一直到眼孔之下

科属：水龙兽科，水龙兽属 ｜ 拉丁学名：Lystrosaurus Cope

物种 水龙兽的第一块化石由一位传教士发现，他写信给当时著名古生物学家Othniel Charles Marsh，但没有收到Marsh回复。Marsh的竞争对手Edward Drinker Cope却对这一发现十分感兴趣，1870年对这块化石进行了命名和简单描述。1871年，Othniel Charles Marsh认为Cope对这块化石的描述不很详尽，又对这块化石进行了详细描述。后期，科学家研究了所发现的大部分化石，研究表明，龙兽的外形尺寸和现代的猪相似，长着猪一样的长嘴和一些小獠牙，可以挖掘地面的植被，被许多科学家认为是地球上所有哺乳动物的祖先。这些"史前猪"在地球上繁衍了至少100万年，随着地球上气候改变，恐龙开始出现并接管了地球。

经常出现在大众文化中，它曾出现在BBC电视节目《与巨兽共舞》中，节目宣称水龙兽是由二叠纪的小型双齿兽演化而来，实际上两者可能曾存活于相同时期；此外，它还出现在电视节目《动物末日》中

别名：铲子蜥蜴 | 分布：南非、印度、俄罗斯、澳大利亚及中国

PART 5
050~069页

三叠纪

翼龙 Winged finger

生活年代： 距今约2.1亿～6500万年前的三叠纪晚期到白垩纪末

翼龙是一种神奇的爬行动物，既可以在陆地上行走，又可以在空中飞行，还可以在水中捕鱼，无论在哪里，它都能做到游刃有余。它十分聪明，行动迅速，在恐龙称霸地球的年代，它将猎食重点转向天空，而非与恐龙去争抢食物。它是当时唯一一种可在空中猎食的爬行动物，几乎掌控着整个天空的"生杀大权"，十分威风。

形态 翼龙大小不一，较小个体一般被认为是幼年翼龙，具有两翼，翼展约1.04米，身上没有羽毛覆盖。头颅骨很长，头顶有肉质冠，成年个体肉质冠从脑后一直延伸到眶前孔边缘。与其他翼龙科生物不同，它的口鼻部并不弯曲，口内具有90颗牙齿，牙齿较窄，呈锥形。四肢细长，腿上可能具有蹼状脚掌。尾巴较短。

习性 **活动：** 具备快速运动的能力，可以半直立步态在陆地上行走，也可以在空中滑翔或飞行。**食性：** 肉食性，常以鱼、水生无脊椎动物、空中飞行的小型动物及陆生动物为食。**生活史：** 具有与今天鸟类相似的繁殖行为，以卵生方式繁殖后代，交配时雄性可能通过喷出精液到雌性恐龙的泄殖腔而使雌性受精；雌性常把卵产在湖泊附近沙地或海滩上，然后会自己孵卵，照顾幼仔。

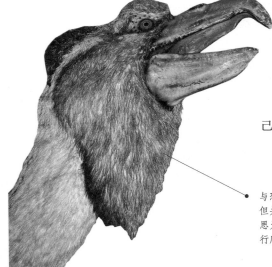

与恐龙生存的时代相同，但并不是恐龙，希腊文意思为"有翼蜥蜴"，是飞行爬行动物演化支

科属：翼龙科，翼手龙属 | 学名：Pterodactyl Smmerring

物种 1784年，意大利古生物学家科利尼在德国发现了第一件翼龙化石，那时还不能确定它属于哪一类动物，有人认为它生活在海洋中，有人认为它是鸟和蝙蝠的过渡类型。1801年，法国著名比较解剖学家居维叶将它鉴定为翼龙，归于爬行动物。随后几年，古生物学家汪筱林、周忠和博士在中国辽西热河发现了世界上第一枚翼龙胚胎化石，研究发现起源于约2.2亿年前的晚三叠世，绝灭于6500万年前的白垩纪末期，与鸟类和其他爬行动物一样是卵生而非胎生，是恐龙的近亲，二者生活在同一时代，是第一个飞向蓝天的爬行动物，他们将这些研究成果发表在英国的《自然》杂志上。2012年9月，英国新科学家杂志报道，考古学家最新研究发现了一种翼龙新物种，与恐龙生活在同一时期，历史可追溯至1.55亿年前的侏罗纪晚期，是迄今发现的最古老的翼龙物种之一。

第一种飞行的脊椎动物，"翼"是从位于身体侧面到四节翼指骨之间的皮肤膜衍生出来的

经常出现于相关百科全书中，更是各种影视作品和手机游戏的常客，如大电影《侏罗纪公园》、科教纪录片《空中翼龙》、ios开发的手机游戏《侏罗纪世界》等

别名：翼手龙 | 分布：欧洲、非洲及中国辽西

板龙 Broad lizard

生活年代： 距今约2.1亿年前的三叠纪晚期

　　板龙是一个庞然大物，体型和现代公共汽车一样大。据考证，它是生活在地球上的第一种植食性的巨型恐龙，由于巨型的身子和短小的胳膊，它行走时身上的所有重量都施加在后腿上，看上去总是慢悠悠的。它的小短胳膊也不是毫无用处，手指十分灵活，只要在够得着的地方，可以随心所欲地抓取美食。

两只强壮的后腿直立着

形态 板龙体型较大，体长6～8米，身高约3.6米，体重约5吨。头部较小，且十分狭窄；口鼻部较长，口内具有许多很小的叶状牙齿，前上颌骨有5～6颗牙齿，上颌骨有24～30颗，齿骨上有21～28颗。颈部较长，由9个颈椎所构成。身体呈梨状，且十分粗壮。前肢较后肢短许多，其上具有明显的手指及拇指尖爪。尾巴较长，至少由14个尾椎构成。

习性 **活动：** 采用二足行走方式进行活动，白天聚集在树丛中寻找食物，可做远距离迁徙活动。**食性：** 植食性，常以高大的植被为食，例如针叶树、苏铁等。**生活史：** 目前研究结果表明,板龙同其他恐龙一样,通过产卵方式进行繁殖。繁殖期，雄性通过喷出精液到雌性恐龙的泄殖腔而使雌性受精，但成年板龙是否会照顾刚出生的幼仔，目前尚无明确证据。

恐龙中的"大明星"，曾出现于电影《历险小恐龙 2》的开场段落。在杜宾根大学、柏林亨波特博物馆以及斯图加特自然历史博物馆等地也看到已架设的板龙骨骸；还出现在微软的游戏《动物园大亨：侏罗纪》中

科属：板龙科，板龙属 | 学名：Plateosaurus von Meyer

物种 1834年，物理学家约翰·腓特烈·恩格尔哈特在德国纽伦堡附近发现了一些脊椎与腿部骨头，三年后，德国古生物学家克莉斯汀·艾瑞克·赫尔曼·汪迈尔根据这些化石建立了一个新属，即板龙属，模式种是恩氏板龙。1910～1930年，人们在一个黏土矿坑挖掘出30～50个骨骸，有一部分属于板龙，将它们归类于1914年由Otto Jaekel所叙述的板龙的第二个种，即长头板龙，后来研究表明，它们中的大部分为可疑种或无效种。1997年，钻油工人在北海探钻砂岩层时发现了一个长圆柱状化石，当时被认为是植物化石。2003年，波恩大学的古生物学家使用显微镜检验了这个化石，发现它拥有纤维化的骨头组织，为一个压碎的膝盖骨化石，并鉴定属于板龙，使它成为北海第一个被发现的恐龙，被誉为"世界最深的恐龙"。 目前，人们已在西欧超过50个三叠纪砂岩层中发现了100多个板龙化石，包括数十个保存良好的骨骸，通过这些标本，科学家们对板龙的形态特征、生理功能、社会活动、分类演化等都有了进一步了解。

别名：不详 ｜ 分布：法国、瑞士及德国

马门溪龙 Mamenxi lizard

生活年代： *距今约1.6亿～1.45亿年前的三叠纪晚期*

马门溪龙最初在中国四川省宜宾地区的马门溪被发现，故得名。在中国的恐龙大家族中，马门溪龙声名显赫，不仅是所有恐龙中颈椎数目最多和脖子最长的，还是目前世界上发现的个体最大、化石保存最多最好的恐龙之一。时至今日，它的影响力依然不减，2009年它的发现入选了《环球科学》评选的新中国成立以来"中国科学家取得的60项杰出成就"；2010年，恐龙爱好者评选出"中国100年十大恐龙明星"，它也榜上有名。

形态 马门溪龙体型非常大，从头顶到尾尖长达22米，身高约7米，活着时体重达55吨。头部较小，颈部非常长，长达9米，由19个颈椎所构成，是长颈鹿的3倍；颈部还有一块特别的肋骨，被称为颈肋，最长可达3米，与后面第三个颈椎相连。身体前半部的背椎具有神经棘，神经棘的顶端向两侧分叉。尾巴又细又长。

习性 **活动：** 采用四足行走方式活动，行走时又细又长的尾巴拖在身后，白天聚集在广袤、茂密的森林中寻找食物，可做远距离迁徙。**食性：** 植食性，常以较高大的植被顶端的嫩枝为食，如红木、红杉树等。**生活史：** 通过产卵方式繁殖。繁殖期时，雄性会用尾巴互相抽打对方，取胜的雄性才可以和雌性交配。交配时，雄性通过喷出精液到雌性恐龙的泄殖腔而使雌性受精。

科属：马门溪龙科，马门溪龙属 | 学名：Mamenchisaurus Young

物种 1952年，人们在四川省宜宾马鸣溪渡口旁的公路建设工地上发现了马门溪龙的第一具化石。1954年，中国古生物学家杨钟健将它确定为马门溪龙的模式种，并命名为"建设马门溪龙"。1972年，人们在四川省合川县发现了它的第二个种，即"合川马门溪龙"，该化石长达22米，高约3.5米，经中国科学院古脊椎动物与古人类研究所鉴定，认为它是生活在距今约1.4亿年前的恐龙遗骸，是迄今为止我国和亚洲其他地区发现的最完整蜥脚类恐龙化石。后来，人们又发现了很多马门溪龙化石，经过研究，科学家对它的形态特征、生理功能和社会活动等有了进一步了解。

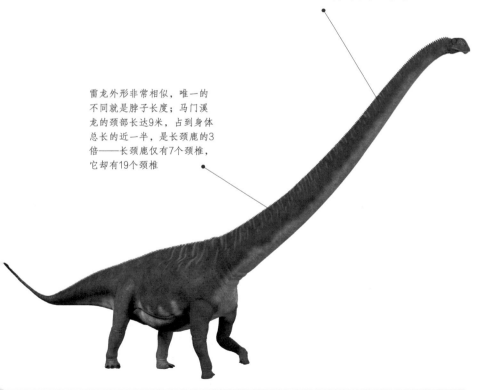

中国发现的最大的蜥脚类恐龙之一，也是"中国最具影响力的恐龙"之一，曾出现在电影《侏罗纪公园：失落的世界》的一个围捕场景中。另外，2002年澳大利亚的"Dinosaurs from China"展览中，展出了一只马门溪龙骨架，颇受参观者好评

雷龙外形非常相似，唯一的不同就是脖子长度；马门溪龙的颈部长达9米，占到身体总长的近一半，是长颈鹿的3倍——长颈鹿仅有7个颈椎，它却有19个颈椎

别名：不详 | 分布：中国、蒙古

迷惑龙 Deceptive lizard

生活年代： 距今约1.52亿～1.51亿年前的三叠纪晚期

迷惑龙体型十分巨大，脖子极长，长颈鹿相形逊色。它的后半身比肩部还要高，用脚跟支撑身子站起来取食时，可谓高耸入云，常吃到其他矮小恐龙无法吃到的美味。别看它长得较大，性情却很温顺，一般不会主动攻击其他生物。

形态 迷惑龙体型非常大，体长21～23米，身高约4.5米，体重约26吨。头部长而低矮，嘴唇较厚，牙齿为钉状。颈部长达6米，比躯体还长很多。背椎上具有高大的神经棘。四肢十分粗壮，手掌上具有5根手指，但只有一根手指上具弯曲的指爪；脚掌具3个趾爪。尾巴非常长，末端逐渐变细。

习性 **活动：** 采用二足行走方式活动，奔跑时速度极快，最快速度可达30千米/小时，常白天聚集在一起寻找食物，可做远距离迁徙。**食性：** 植食性，常以较高大的植被顶端嫩枝为食。**生活史：** 通过产卵方式进行繁殖。繁殖期时，雄性会用长长的脖子进行种内格斗，取胜的才可以和雌性进行交配；交配时，雄性通过喷出精液到雌性恐龙的泄殖腔而使雌性受精。

个头很大，令人望而生畏，实则温和的食草动物

身体后半部比肩部高，脖子和尾巴差不多长

对于我们来说并不陌生。1989年，美国邮政管理局发行了一套恐龙邮票，其中就包括迷惑龙。自从电影发明以来，它也经常出现在电影中，如1925年的特效电影《失落的世界》、1933年和2005年的特效电影《金刚》。它还经常出现在一些动画中，如1940年的动画电影《幻想曲》、20世纪90年代的动画系列《历险小恐龙》和《摩登原始人》等

科属：梁龙科，迷惑龙属 | 学名：Apatosaurus Marsh

物种 1877年，古生物学家奥塞内尔·查利斯·马什根据发现的部分迷惑龙化石建立了迷惑龙属。1903年，古生物学家埃尔默·里格斯指出，雷龙与迷惑龙非常类似，应为同种动物，但按照国际动物命名委员会的规定，最早建立的迷惑龙属具有命名优先权，雷龙此后便变成无效名，被归入迷惑龙属，被命名为"秀丽迷惑龙"。1915年，在犹他州发现了一具包括头骨的恐龙化石，有古生物学家认为秀丽迷惑龙的头骨应该较长，但遭到很多学者反对；20世纪70年代中期，古生物学家根据研究材料确定了秀丽迷惑龙应长有狭长扁宽的头骨和棒状的牙齿；21世纪，迷惑龙属内已有四个有效种，在雷龙被并入迷惑龙属后，一直遭受各界的质疑；2010年，葡萄牙新里斯本大学的伊曼纽尔·特绍普、奥克塔维奥·马特乌斯及英国牛津大学地球科学学院的罗杰·班森组成了一个研究团队，计划通过研究最新发现的化石，对蜥脚亚目恐龙进行系统发育学分析，之后他们分析了81个蜥脚亚目恐龙的化石个体（其中49个属于梁龙科），总结罗列出477个不同的生理学特征，在研究中辨别出迷惑龙属内不同种间的差异，经过充足分析对比后，将雷龙重新归为梁龙科、梁龙亚科下的独立属；2015年4月，葡萄牙和英国的古生物学家在4月7日的《Peer J》上发表了一篇《梁龙科的物种级系统发育分析与分类学修正》，使雷龙重新变成有效属。

别名：阿普吐龙 | 分布：美国犹他州、怀俄明州、科罗拉多州及墨西哥

迷惑龙

迅猛鳄 Swift lizard

生活年代： 距今约2.5亿～2.05亿年前三叠纪晚期

迅猛鳄的长相十分可怕，尤其是巨大的口鼻部，口内长满了尖利牙齿，看上去要吞掉所有猎物一样。它十分聪明，狩猎时常采取伏击方式，静静地守在一个隐蔽的地方，猎物经过时，趁机偷袭，根本不给猎物任何还击的机会。它的腿部十分强壮，奔跑时速度极快，所以它看中的猎物，很难逃过一劫。

拥有纵深的头颅和锯齿状牙齿

腿部强壮，可以快速奔跑

形态 迅猛鳄体型较大，体长约5米，身体形态与恐龙类似。头颅纵深，口鼻部较大，口内牙齿尖长且呈锯齿状。颈部短粗；身躯十分粗壮；四肢肌肉十分发达，尤其是后肢。研究显示，它的后肢上具有13个肌肉群。尾巴长且粗壮，长度几乎与身躯相等。

习性 **活动：** 采用四足行走方式活动，后肢强壮有力，奔跑速度极快，常采取伏击方式猎食。**食性：** 肉食性，位于当时生态系统的顶端，以各种小型动物为食，如舟爪龙等。**生活史：** 同恐龙一样，通过产卵方式繁殖；交配时，雄性通过喷出精液到雌性迅猛鳄的泄殖腔而使雌性受精；成年个体会抚养幼仔直到它们能独立生活。

头骨大而厚，牙齿呈锯齿状，伏击掠食，当路过的食草动物停下来在湖边喝水时，经常遭到它的伏击

有一条长长的尾巴

科属：迅猛鳄科，迅猛鳄属　｜　学名：Prestosuchus von Huene

物种 1938年，德国古生物学家Friedrich von Huene在巴西南里奥格兰德州旅行时发现了第一块迅猛鳄化石，1942年对它进行了命名并描述，之后很多年，都没有再发现它的化石，直到2014年，巴西古生物学家又在巴西境内发现了一个几乎完整的迅猛鳄化石，巴西路德大学的研究人员席尔瓦教授这样描述："它们是惊人的掠食动物，这种大小的化石保存如此完好，是我们无法想象的。这次发现甚至还包括完整的后腿，将有助于科学家更好地了解这些古老的生物。"后期，科学家通过这块化石，明确了迅猛鳄的形态特征、生理习性及社会行为等方面的信息。

外表类似恐龙，大型身体与直立姿势，但其实是主龙类，为恐龙的近亲

很少出现在大众文化之中，偶尔出现在一些儿童科普类图书中。它的形象曾出现在IOS开发的游戏《侏罗纪世界》中

别名：布里斯托鳄 ｜ 分布：巴西

鱼龙 Fish lizard

生活年代： *距今约2.5亿年前的三叠纪晚期*

鱼龙，长得和鱼类很像，却不是鱼，因为鱼类都用鳃呼吸，它却用肺部呼吸。它长着一种其他爬行动物都没有的名叫"巩膜环"的保护眼睛的结构，视力很强，听力也比其他爬行动物好，可谓"眼观六路，耳听八方"的海中霸王。它终生生活在海中，四条腿变成了桨状的鳍，加上大大的尾巴，可以在水中随意地游来游去。

生活在中生代大多数时期，最早出现于约2.5亿年前，比恐龙稍微早一点，约9000万年前消失，比恐龙灭绝早约2500万年

形态 鱼龙体型较大，身体细长，呈流线型。体长约15米，最大个体体长约23米。头部很长，头骨呈三角形，其上长了两只大大的眼睛。鼻子很长，鼻孔长在头上方。嘴巴又长又尖，上下颌牙齿均呈锥状，数量可达200个。鳍脚又窄又长；尾部十分宽大。

习性 **活动**：可在水中自由灵活地游动，只用两个前肢划水时，游动速度就很缓慢；当它在水中摇动大尾巴时，便可以像箭一样划过水面，游动速度可达每小时40千米。**食性**：肉食性，常以中小型鱼类和其他海洋生物为食，尤其喜欢捕食头足类生物。**生活史**：目前的研究表明，鱼龙为卵胎生，雌性受精后将卵产在自己体内，并让卵孵化，然后在海水中产下幼仔。生产时，小鱼龙的尾巴先从母亲的生殖器中出来，类似于现代鲸类和海豚的生产方式。

科属：鱼龙科，沙尼龙属 | 学名：Ichthyosaur Shonisaurus Camp

四肢桨状，适于游泳

物种 1699年，人们在威尔士发现了鱼龙化石残片，对它进行了描述；1708年，人们又发现了鱼龙的脊椎化石；1811年，玛丽·安宁在今天称为"侏罗纪海岸"的莱姆里吉斯发现了第一具较为完整的鱼龙化石，此后相继发现了三具不同的化石；1905年，加利福尼亚大学的恐龙远征队发现了25具鱼龙化石，后陈列在加利福尼亚大学考古博物馆中；1992年，一位加拿大鱼类学家发现了至今为止最大的鱼龙化石，长约23米；1998年，科学家在美国内华达州中部偏远山区发现了鱼龙遗骸，几年后，人们发现这种不寻常的鱼龙牙齿有两个切口，研究者返回发现地点，将化石重置，2008年在美国国家地理协会的资助下进行挖掘，最终发现了整个骨架。通过对这些化石的研究，人们确定了鱼龙的形态特征、生理习性和社会行为等方面的信息。

一种灭绝的史前动物，对于人们来说比较陌生。其实很多游戏中的角色都以鱼龙命名，但这些角色和古生物中的鱼龙并没有什么明确关联。在美国，1977年，内华达州将三叠纪的鱼龙化石定为州化石

别名：鱼蜥 | 分布：美国、英国及中国的西藏、安徽等地

腔骨龙 Vicious lizard

生活年代：*距今约2亿300万～1亿9600万年前的三叠纪晚期的诺利阶*

腔骨龙的身材十分娇小，为了减轻体重，它的头颅骨上还有一些大型孔洞，使它运动时更加轻便。它特别喜欢吃肉，由于身材矮小，只能取食一些小型猎物。只要是被它看中的猎物，它都会穷追猛打，直到将其变成自己的囊中餐才肯罢休。

形态 腔骨龙体型较小，体长约3米，体重平均约15千克，最大个体的体重不超过20千克。头部长而狭窄，为减轻头颅骨的重量，头部具有大型洞孔；嘴内的牙齿呈锯齿状，锐利且向后弯；颈部呈 "S" 形弯曲；前肢较为短小，每只手上有四根手指，但第四指常藏于手掌的肌肉内；后肢较为粗壮，脚掌上有三根脚趾。尾巴非常长。

习性 **活动**：身体纤细，前肢较短，常二足行走，非常善于奔跑，尾巴很长，在奔跑时的平衡力极好。常聚集起来活动、取食。**食性**：肉食性，可能以小型的、类似蜥蜴的动物为食，猎食时常集体出动。**生活史**：同其他恐龙一样，通过产卵方式繁殖；交配时，雄性通过喷出精液到雌性恐龙的泄殖腔而使雌性受精。

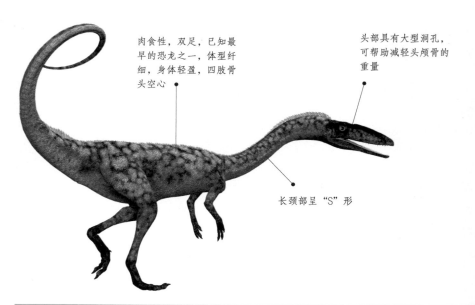

肉食性，双足，已知最早的恐龙之一，体型纤细，身体轻盈，四肢骨头空心

头部具有大型洞孔，可帮助减轻头颅骨的重量

长颈部呈 "S" 形

科属：腔骨龙科，腔骨龙属 | 学名：Coelophysis Cope

锐利的锯齿状牙齿显示它为肉食性

物种 1881年，业余化石搜集者David Baldwin发现了腔骨龙的第一个化石；1889年，爱德华·德林克·科普将其命名为"腔骨龙"。1947年，在美国新墨西哥州首次发现地点附近的幽灵牧场，发现了大量腔骨龙尸骨层。研究发现，这可能是突然暴发洪水造成的，它们中有一具几乎完整的骨骼化石。1989年，埃德温·尔伯特在腔骨龙标本的下腹中，发现有幼龙标本，指出它们可能有同类相食习性。2002年的研究表明，这些标本其实被曲解了，所谓幼年腔骨龙标本其实是小型镶嵌踝类主龙，没有任何证据支持腔骨龙同类相食，这个结论2006年得到确证，但还需要更多新证据来显示胃部生物，才可以进一步了解真相。

恐龙中的"大明星"，是新墨西哥州的州化石。1998年1月22日，头颅骨被置入奋进号航天飞机中，以进行STS-89任务，成为继慈母龙之后第二个进入太空的恐龙。它还出现在BBC的电视节目《与恐龙共舞》与探索频道的《恐龙纪元》中

别名：虚形龙 | 分布：美国的西南部

蛇颈龙 Near to lizard

生活年代： *距今约2亿～6600万年前的三叠纪晚期至侏罗纪晚期*

蛇颈龙长得和现代乌龟很像，但相比乌龟，它在水中的运动能力可要高出很多，不仅可以在水中快速游动，还可以上下翻滚。就在它游过鱼群时，可以神不知鬼不觉地把一些小鱼作为美食，填饱肚子。不仅如此，它还可以通过自己的长脖子去取食海底下的一些美味。这些本领令很多生活在水里的生物羡慕不已。

形态 蛇颈龙体型变化较大，体长1.5～15米，身体又宽又扁。头部窄而细长；口很大，口内长有很多细长牙齿，呈锥形，数量在个体之间变化较大，前上颌骨上有4～6颗牙齿，上颌骨上有14～25颗牙齿。颈部较长，较为柔软。躯干的形状与乌龟类似；四肢特化较为宽大的肉质鳍脚。尾巴较短。

习性 **活动：** 可在水中自由游动，游动时速度非常快，可通过尾部控制运动方向，有时需要将头伸出水面呼吸。**食性：** 肉食性，取食范围十分广泛，常以各种鱼、蛤蜊、螃蟹及其他海底贝类动物、软体类动物等为食。**生活史：** 卵胎生。每到繁殖期时，雌雄个体会游到岸边交配，雌性个体每次孕育一个后代，怀孕期较长；雌性在水中生产，产下的幼仔体型较大，一段时间后可以独立活动。

适应浅水环境中生活，个体较大，长颈，故得名

体型硕大无比，是海洋中的霸王，与鱼龙类一起统治着中生代的海洋

三叠纪晚期开始出现，到侏罗纪已遍布世界各地，白垩纪末灭绝

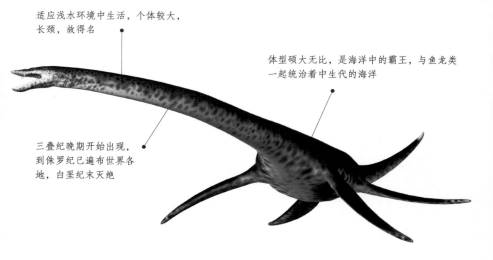

科属：蛇颈龙科，蛇颈龙属 | 学名：Plesiosaurs de Blainville

物种 17世纪，蛇颈龙化石在一些爬行动物化石周围被发现，当时并没有引起足够重视；1605年，Richard研究了这块化石，认为它是一块鱼类脊椎化石，将它作为大不列颠与欧洲大陆曾经相连的证据。之后，很多科学家陆续发现了一些蛇颈龙化石；1699年，Edward Lhuyd对最早发现的化石进行了描述，依然将它看做鱼类的脊椎化石。18世纪后，人们发现了更多蛇颈龙化石；1795年，John Nicholls对它们进行详细的描述。19世纪后，科学家将研究重点转向对它的分类和命名上，1821年，Thomas James Birch对在法国科洛内尔发现的部分骨骼化石进行描述，最终认为它应该属于一个新的物种，因此建立了蛇颈龙属；1823年，Thomas Clark描述了一个几乎完整的骨骼化石，目前保存于英国地质调查所。20世纪后，人们将研究重点集中在它与尼斯湖水怪的关系上，2009年英国考古学家在莱姆里杰斯附近的蒙默思海滩岩石下发现了一块蛇颈龙化石，经研究，它的形态与尼斯湖水怪十分相似，他的科研团队认为，蛇颈龙可能就是斯湖水怪，但也有人认为，尼斯湖水怪只是一种光折射现象。

外形像一条蛇穿过一个乌龟壳：头小，颈长且可弯曲，躯干像乌龟，尾巴短；牙齿尖长

别名：尼斯湖水怪 | 分布：东半球

蛇颈龙

PART **6**
072~103页

侏罗纪

单脊龙 Single-crested lizard

***生活年代：**距今约1亿6500万年前的侏罗纪中期*

单脊龙是在中国发现的众多恐龙之一，它不胖不瘦，身材十分匀称，后腿强健有力，可以快速奔跑，经常出现在水域附近，当小型植食性恐龙饮水时，它就会趁机进行捕猎。它的背部有一列较长的棘刺，根据这一特点，被命名为"单脊龙"。

形态 单脊龙体型中等，体长约5米，体重约450千克，身高约1.7米。头颅骨细长，头顶长有一个冠饰，可覆盖整个头颅。嘴巴很窄，具有发育良好的高耸棘突；颈部较长。身体瘦小，背部长有一排棘刺；前肢短于后肢，前肢上具有三根具爪的手指。尾巴长而粗壮。

习性 **活动**：二足行走，活动起来敏捷、迅速，可以快速地奔跑，常活动在河湖边与丘陵地附近。**食性**：肉食性，常以鱼类和小型恐龙为食，有时也食腐肉。**生活史**：同其他恐龙一样，通过产卵方式繁殖；繁殖期雄性通常通过头顶上的冠饰来吸引雌性；交配时，雄性通过喷出精液到雌性恐龙的泄殖腔而使雌性受精。

科属：斑龙超科，单脊龙属　|　学名：Monolophosaurus Zhao & Currie

物种 1981年，中国-加拿大探险队发现了一块几乎完整的单脊龙头颅骨化石，1984年正式被发掘；1987年被科学文献正式详细描述；1993年，赵喜进与Currie正式确定了其拉丁文学名"Monolophosaurus jiangi"。单脊龙最初被归为巨齿龙科并多次被建议划分到"异特龙超科"。2006年，Carrie表示属于暴龙超科原角鼻龙科的五彩冠龙其实是单脊龙的亚成年个体，认为五彩冠龙也应归为"异特龙超科"；2007年，Smith发现以前被认为是异特龙超科成员的一些专属特征也存在于其他更广泛的坚尾龙类恐龙成员中，首次提出单脊龙应该不是"新坚尾龙类恐龙"。2009年，赵喜进注意到单脊龙骨骼标本上显示的一些原始特征，证明单脊龙或许是一种最基础的坚尾龙类恐龙；2010年，Benson将单脊龙与川东虚骨龙归入一个演化支，应该处于巨齿龙超科与新坚尾龙类之外，接近于更基础的坚尾龙类。

背部一列较长的棘刺是明显特征

别名：将军单脊龙、单棘龙 | 分布：中国新疆

约巴龙 Mythical giant beast

生活年代： *距今约1.64亿～1.61亿年前侏罗纪中期的巴通阶到牛津阶*

约巴龙的学名"Jobaria"中的"jobar"是当地游牧民族神话中的一种动物，可见人们对它的崇敬程度。它的力气十分大，只需后腿的力量就可以使庞大的身躯向前或向后跳跃，这和力气可不是一般的生物能比拟的，所以一般食肉动物都不敢轻易地靠近它。

形态 约巴龙体型较大，体长约18.2米，重达22.4吨，站立约20多米高。头部较小，脖子非常长，由12个脊椎骨组成。胸腔极长，约1.8米。四肢较粗壮。尾部长粗壮，像一条长长的鞭子。

习性 **活动：** 常用四足行走，为四足恐龙，行动十分矫健迅速，借助于后腿就可以轻松地一跃而起。**食性：** 植食性，常以蕨类植物的枝叶、苏铁植物、裸子植物、松柏科植物、银杏及开花植物等为食。**生活史：** 目前研究结果表明，雄性可能通过喷出精液到雌性恐龙的泄殖腔进行繁殖，但更多考古证据有待进一步发掘、考证。

牙齿像长着勺子一样，非常适合用来夹住小树枝条

躯体庞大，显得很丰腴，颈部下侧和腹部有明显的黄色斑纹与体色区分开来，四肢粗壮如四根柱子一般

科属：鸭嘴龙超科，约巴龙属 ｜ 学名：Jobaria Sereno et al.

物种 1997年，芝加哥大学古生物学家
Paul Sereno在非洲撒哈拉沙漠发现了
约巴龙的第一块化石，十分巨大，
其中95%的骨骼都保存下来，比任何
白垩纪时期发掘的长脖子恐龙都完整。
1999年，Paul Sereno对这块化石进行命名并描
述。研究发现，这群恐龙很可能居住在有茂密森林和宽阔
河道的地区，它们还发现了从未成年到成年的一系列化石，研
究人员认为这种恐龙很可能是古代恐龙的家系，在白垩纪时期仅仅
在非洲得以生存和繁衍，和其他白垩纪时期的恐龙不同，其牙齿像勺子
一样，非常适合夹住小树枝条。

并不经常出现在大众视野中，目前对它的研究也
较少。它偶尔出现在青少年科普作品中，形象也
出现在一些网络游戏中，如《侏罗纪时代》等

别名：不详 | 分布：非洲尼日尔共和国

峨嵋龙 Omei lizard

生活年代：距今1.68亿～1.61亿年前侏罗纪中晚期巴通阶至卡洛维阶

　　峨嵋龙的第一块化石是在中国四川省峨眉山上发现的，故得名。它的颈部长得出奇，单是一节颈椎长度就是尾巴长度的1.5倍。有了长脖子，峨嵋龙可以毫不费力地够到高高树木的顶端，吃到矮个子恐龙想都不敢想的树叶和果实，所以它常常是其他恐龙羡慕的对象。

形态 峨嵋龙体型较大，身长10～20米，高度4～7米，体重10～15吨。头部较小，呈楔形，鼻孔位于鼻部前端，牙齿十分粗大，前缘有锯齿。颈部极长，颈椎数量多达17节。脊椎长而粗大，由于后肢很长，前肢较短，所以，其背部的最高点常出现在臀部，前肢第一指和后肢第一、二、三趾上有爪。尾部长而粗壮。

习性 **活动**：采用四足行走方式进行活动，常成群地出没在有着开阔水面的湖边。**食性**：植食性，常以生活在同时代的较高植物为食，一般取食树上的果实和嫩叶。**生活史**：目前研究结果表明，峨嵋龙同其他恐龙一样，通过产卵方式进行繁殖，交配时，雄性通过喷出精液到雌性恐龙的泄殖腔而使雌性受精；但它们是否会照顾刚出世的幼仔，目前尚无明确证据。

颈椎很长，使脖子显得特别长，颈椎可达背椎的3倍，超过尾巴长度的1.5倍

主要生活在内陆湖泊的边缘，牙齿粗大，前缘有锯齿，以植物为食，喜群体生活

科属：马门溪龙科，峨嵋龙属　｜　学名：Omeisaurus Young

物种 1939年，人们在中国四川省峨眉山发现了峨嵋龙的第一块化石，大部分化石则是在70~80年代出土。目前，我国已发现它的6个种的标本化石。荣县峨嵋龙是四川盆地中最早发现的蜥脚类恐龙，化石发现于自贡市荣县，完整度约60%，1936年杨钟健对它进行了描述并命名，目前标本存放于自贡恐龙博物馆。同年，杨钟健在峨眉山上发现了天府峨嵋龙，化石完整度约70%，是在自贡地区发现的蜥脚类恐龙中个体最大的一种；同一时期他还描述和命名了发现于自贡市资中县罗泉乡小河村的罗泉峨嵋龙。1995年11月，考古学家在四川省井研县三江镇彭家寨西山发现了毛氏峨嵋龙，是目前我国最大的三条马门溪龙之一，有"恐龙之父"之称，化石完整度可达90%以上，是目前发现的最完整的蜥脚类恐龙化石。

拥有典型的庞大身体与长颈部，头部呈楔形

生活在中国的恐龙之一，目前可以在中国自贡恐龙博物馆与重庆市北碚博物馆观看到已架设的峨嵋龙骨骸

别名：自贡龙 ｜ 分布：中国四川省

异特龙 Different lizard

生活年代： *距今1亿5500万～1亿3500万年前侏罗纪晚期*

提到异特龙，很多人都不陌生，畅游博物馆时，异特龙模型比较常见。想到恐龙时，人们脑海中首先浮现的画面就是，威武雄壮的身躯、大大的脑袋，一副凶神恶煞的样子。即使它们的脑袋看上去大大的，但并不意味着它们很聪明——脑子小得如100克大小的核桃。据研究，特异龙是侏罗纪时期诸多恐龙中智商最高的一种，这似乎奠定了它在当时的"霸主地位"。

颈部粗壮，前肢缩短，尾巴长

形态 异特龙的头颅骨较大，由几个分开的骨头组成，骨头之间有活动关节，其上有很大的空洞，可以使它较大的身体减轻一些负担；眼睛上方拥有角冠；嘴部有70颗大型牙齿，尖而弯曲；前肢较小，后肢很强壮，手部有三根大而弯曲的手指，指长5厘米；尾巴又长又重；整体骨架轻巧而中空，与鸟类相似。

习性 **活动：** 群体方式，幼年移动速度较快且有规律，常以追赶方式捕食小型猎物，成年个体则以伏击方式捕食大型猎物。竞争对手是蛮龙、食蜥王龙、依潘龙、角鼻龙。**食性：** 主动攻击的大型掠食者，以其他大型草食性恐龙为食，如鸟脚目、蜥脚下目恐龙，或搜寻它们的尸体为食。**生活史：** 大量化石几乎涵盖了所有年龄层，寿命22～28岁，最高生长率约发生在15岁时，一年可增加148千克的体重。在完全成长前，就已达到性成熟。

科属：异特龙科，异特龙属 | 学名：Allosaurus Marsh

物种 早期研究主要集中在物种发现和命名上。早在1877年，便在美国科罗拉多州卡农城北方的公园发现了异特龙的原型标本，奥塞内尔·查利斯·马什根据这些化石把它定名为"脆弱异特龙"；18世纪后期，异特龙先后被命名为"Creosaurus""Labrosaurus""Epanterias"等，直到詹姆斯·麦迪逊在美国克利夫兰劳埃德采石场发现新的异特龙化石，并根据研究结果将其命名为"异特龙"；80年代的研究主要集中在异特龙的骨骼差异、生长模式、头颅骨重建、猎食模式、脑部构造以及群居生活等方面；1991年，科研人员发现了最完整且具天然状态的异特龙标本，是最著名的异特龙化石之一，最初由卡比·希伯所率领的瑞士团队发现于美国怀俄明州的比格霍恩县，并由怀俄明大学地理博物馆与洛矶山博物馆共同挖掘出土，是接近95%完整度且天然状态的标本。

大型头颅骨，上有大型洞孔，可减轻重量

自20世纪初期，异特龙便已出现在大众文化中，到1976年已有三大洲、8个国家的38个博物馆具有从克利夫兰劳埃德恐龙采石场所出土的异特龙化石。异特龙是美国犹他州的官方州恐龙，也经常出现在一些著名影视作品中

别名：跃龙、异龙 ｜ 分布：非洲、欧洲、大洋洲、北美洲及中国

腕龙 Wrist lizard

生活年代： 距今约1亿5600万～1亿4500万年前的侏罗纪晚期

水是腕龙生命中的救星，首先水中的藻类、湖岸边的丛林可为腕龙提供丰富的食物，又可以弥补它体重过大、行动不便的弱点，更可以保障腕龙的安全——如果食肉恐龙来了，它们就迅速转移到深水处，全身浸泡在水中，只把头顶的鼻孔露在水面呼吸，弄得食肉恐龙只得望"水"兴叹了。腕龙潜水的本领不小，可以长时间不用换气，有专家认为它们可在水中潜20分钟以上，堪称"潜水冠军"！

一个现名为9954 Brachiosaurus小行星，是以腕龙为名

形态 腕龙体型较大，身体结构与长颈鹿相似，体长约26米，体重29～44吨；头部较小，颈部很长且向上高举，鼻孔位于头顶，牙齿平直而锋利；前肢较后肢略长，较为粗壮，每只脚掌均有五个脚趾头，前脚只有一个脚趾上具爪，后脚中有三个脚趾上具爪；尾巴较短，但较为粗壮。

习性 **活动：** 四足行走，尽管有四肢支撑着身体，但行动依旧十分笨拙、缓慢，常在有水的地方集群活动，靠水的浮力来减轻一些体重。**食性：** 植食性，常以湖岸边较高大的植被顶端的嫩枝或水中藻类等为食。**生活史：** 通过产卵方式繁殖，交配时，雄性通过喷射精液到雌性恐龙的泄殖腔而使雌性受精，雌性在产蛋前，并不先做巢，而是一边走一边生，使恐龙蛋散布形成了长长的一条线。

标本常是博物馆里的镇馆之宝，如陈列在柏林洪堡自然历史博物馆的一个布氏腕龙的骨架模型，是全世界最高的，已列入吉尼斯世界纪录，也是全世界最大的完整恐龙骨架模型之一

科属： 腕龙科，腕龙属 | **学名：** Brachiosaurus Riggs

物种 1900年，埃尔默·里格斯等人在美国科罗拉多州西部大峡谷发现了腕龙的第一个标本；1903年，埃尔默·里格斯描述并命名了腕龙的模式种，即"高胸腕龙"。1909年，德国古生物学家沃纳·詹尼斯在坦桑尼亚林迪市附近发现了蜥脚类恐龙的标本，包括5副部分骨骼，其中有至少3个头颅骨及一些四肢骨头。1914年，沃纳·詹尼斯将这些标本归类于腕龙属的一个新种，命名为"布氏腕龙"；1988年，葛瑞格利·保罗发现布氏腕龙与高胸腕龙有显著不同，尤其是身体脊椎的比例，高胸腕龙的体型较纤细，于是将非洲腕龙化石建立为一个亚属，即长颈巨龙；1991年，乔治·奥利舍夫斯基认为这些不同处足以建立一个新属，将布氏腕龙独立为长颈巨龙属。自从长颈巨龙被命名以来，古生物学界普遍不接受腕龙、长颈巨龙是两个属的分类方法，直到2009年，Michael Taylor公布了一项详细的高胸腕龙、长颈巨龙的比较研究，发现它们的体型、外形、身体比例、颅骨形状有显著不同，因此，长颈巨龙是个有效的独立属，不属于腕龙。不仅如此，科学家们通过对化石比较分析，明确了腕龙的形态特征、生理功能和社会行为等方面的信息，为研究恐龙进化奠定了重要的基础。

最著名的恐龙之一，经常出现在一些著名电影中，如环球公司的卖座电影《侏罗纪公园》和后续作品《侏罗纪公园3》《与恐龙共舞》《与巨兽共舞》等 •

别名：手腕蜥蜴 ｜ 分布：美国科罗拉多州西部、非洲坦桑尼亚

始祖鸟 Original bird or first bird

生活年代： *距今约1亿5500万 ~ 1亿5000万年前的侏罗纪晚期*

　　始祖鸟体型娇小，身上覆盖着一些色彩艳丽的羽毛，看上去十分漂亮。它不仅可以在陆地上快速行走，还同现代鸟类一样，可以飞行，但飞行本领不是很强，只能短距离地飞行，但足以使它很好地捕食了。它不仅可以吃到陆地上行走的小生物，还可以吃到天上飞行的小型昆虫。

形态 始祖鸟体型较小，体长约1.2米，身上覆盖有羽毛，与现今鸟类羽毛的结构及设计都非常相似。头部较小，口内有细小牙齿。胸骨小且简单，无龙骨突；翅膀宽阔，末端呈圆形。脚掌上只有三根脚趾长有爪，第二根脚趾延长。尾巴很长，尾椎很多，羽毛在尾巴两边排成两行。

习性 **活动：** 二足行走，飞翔能力不强，只适于短距离树间或树到地间飞行；在地面上运动时，延长的第二趾可以紧紧地抓住地面；奔跑速度非常快。**食性：** 肉食性，细小的牙齿可以捕食树上或地面上的昆虫及其他小型无脊椎生物。**生活史：** 同其他恐龙一样，通过产卵方式繁殖；交配时，雄性通过喷出精液到雌性恐龙的泄殖腔而使雌性受精。对于它将巢筑在树上还是地下，以及是否具有哺育后代，目前尚无明确证据。

一般认为它是爬行动物到鸟类的中间类型，仍属于恐龙，
名字是古希腊文中的"古代羽毛"或"古代翅膀"之意

科属：始祖鸟科，始祖鸟属 ｜ 学名：Archaeopteryx Meyer

物种　1861年，人们在德国巴伐利亚州索伦霍芬发现了最早的始祖鸟化石；当地原为采石场，地质较细腻，化石保存完好，保留了清晰的羽毛印痕。后来，该化石的首个研究者梅伊尔将它命名为"印版石古翼鸟"，即"始祖鸟"。1877年，在距第一具化石发现地不远处发现了第二具化石，1884年古生物学家达姆斯研究了该化石，经测量发现它比1861年发现的化石小十分之一，认为这是由于化石个体差异造成的，两者属于同种；1897年，达姆斯重新研究了这两具化石，两者的肠骨构造不同，他认定第二件化石属于另一种，将它命名为"西门子古翼鸟"。1921年和1925年，皮特罗尼维克详细研究了这两件化石，最终认定两块化石属于两科，1861年发现的化石属于古翼鸟科，1877年发现的化石属于原鸟科，但原鸟科现今已经被废除。1956年，距第一件化石发现地250米处，人们发现了第三件化石。1970年、1973年，两件原被认为是翼龙化石的标本被确定为始祖鸟。1985年、1992年，第六件、第七件始祖鸟化石被发现；之后又发现4块始祖鸟化石，其中最著名的是第十件叫作"保尔"的标本。现今，已有11个化石被分类为始祖鸟。

在恐龙中非常出名，经常出现在各种科普类图书和影视作品中

別名：古翼鸟　|　分布：德国

肯氏龙 Sharp point lizard

生活年代： *距今约1亿5500万～1亿5000万年前的侏罗纪晚期*

身材小小的肯氏龙生活在距今一亿多年前险恶的侏罗纪，为了在"乱世"中保住性命，它进化出一身尖刺和坚硬的骨板，尤其是尾巴上的尖刺，极其锋利、坚硬。当有敌人来欺负时，便会用力地挥动尾巴，使长满尖刺的尾巴狠狠地打在敌人身上，它的这项制敌"武器"只能对一些中小型敌人发挥作用，对于较大的敌人，还是会束手无策。

形态 肯氏龙体型较小，体长约5米。头部较小，向前延长；颈部较长，到背部中央长着两排窄窄的骨质甲板，沿着这两条骨质甲板长有两排锋利的尖刺，一直延伸到尾端。前肢较短，后肢较长且呈柱形，雌性个体的大腿骨较雄性个体粗壮。尾部较长，肌肉十分发达，至少包括40个尾椎。

习性 **活动：** 四足行走，活动迅速、敏捷，奔跑时速度可达50千米每小时，在快速活动或御敌时，长长的尾巴会随着身体快速摆动。**食性：** 植食性，常以各种低矮的非开花植物为食，如低矮的灌木枝叶和果实，取食范围为距离地面约1.7米的植物。**生活史：** 通过产卵方式繁殖；繁殖季节，一个雄性可以和多个雌性进行交配，通过喷出精液到雌性恐龙的泄殖腔而使雌性受精；幼年体生长速度很快，可快速达到性成熟。

一般不出现在大众文化中，但曾经出现在少儿科普图书《恐龙来了》第5辑中，还出现在IOS开发的游戏《侏罗纪世纪》中

科属：剑龙科，肯氏龙属 ｜ 学名：Kentrosaurus Hennig

物种 1909年，一个德国探险队发现了肯氏龙的第一块化石，一年后，将它归为剑龙科。1915年，德国古生物学家Edwin Hennig对这块化石进行描述并命名，将它确定为模式种。1909年之后，这个德国探险队发现了超过1200个骨头化石，来自于40多个个体，大部分在二战期间被毁，保存下来的化石在柏林自然博物馆。当时并未发现完整的肯氏龙骨骼化石，Hennig便选取了大部分骨骼，意图构建一个全模标本（标本编号为MB.R.4800.1），但当时Hennig并没有意识到自己已经定义了一个全模标本，后来Peter Galton从Hennig在1915年命名的标本中选出两块颈椎骨，将它定义为全模标本。由于Hennig在这个全模标本的选择和定义上具有优先权，由Peter Galton定义的全模标本被视为无效。最终，Hennig构建的编号为MB.R.4800.1的标本被确定为全模标本。

别名：肯龙 | 分布：非洲

肯氏龙

秀颌龙 Elegant jaw lizard

生活年代： *距今约1亿5100万年前的侏罗纪晚期*

　　人们印象中恐龙是一群体型很大、身体粗壮的动物。在看到秀颌龙时，你的印象便被颠覆了。秀颌龙在恐龙家族中小巧玲珑，身体结构轻巧，比大多数恐龙长得秀气，有修长灵活的脖子，可以时刻观察是否有敌人想偷袭。它的后肢较长，四肢骨骼也是中空的，可以快速奔跑、跳跃甚至爬树，各种小型动物都会选择避开它的视线，以免被捕食。

形态 秀颌龙体型较小，成年个体从头前端到尾末端，全长约75厘米，躯干部分只有一只母鸡那么大，体重约3.5千克。头部长而狭窄，眼睛较大，口鼻部呈锥形，口内长满了尖利的牙齿；四肢骨骼均为中空，前肢较短，手掌具有三个锋利的指爪，后肢细长。尾巴又细又长。

习性 **活动**：二足行走，行动敏捷、迅速，善于快速奔跑,擅长腾跃和爬树等。
　　食性：肉食性，以各种小型脊椎动物为食，也取食昆虫等其他小型动物。**生活史**：同其他恐龙一样，通过产卵方式繁殖；交配时，雄性通过喷出精液到雌性恐龙的泄殖腔而使雌性受精；雌性在巢中产蛋，蛋上没有明显条纹。

行动敏捷，善于快跑，
擅长腾跃，爬树也是绝活

恐龙家族中小巧
玲珑的种类

科属：腔骨龙科，美颌龙属 ｜ 学名：Compsognathus Wagner

物种 1861年，在始祖鸟化石发现地德国巴伐利亚省索伦霍芬石板石石灰岩中发现了第一个秀颌龙化石标本，它70厘米长，身体较小、大大的眼睛和相对大的头，证明它是幼年个体。1972年，第二个秀颌龙化石标本发现于法国南部，比第一个标本大约二分之一。1978年，美国古脊椎动物学家奥斯物罗姆完成了对秀颌龙所有化石标本的研究，使人们对这种恐龙有了更深了解，研究发现：它身上很多特征既不出现在大型肉食龙类中，也不出现在虚骨龙类中，最终被归为最原始的联尾龙类。在德国曾发现一具秀颌龙化石标本的腹腔内有一个已经灭绝的小蜥蜴，人们误认为那是它的幼子，以为它和其他恐龙不一样，是卵胎生；奥斯特罗姆的研究结果证实：那个小蜥蜴只是它的最后一顿饭餐，并非幼子，确定了秀颌龙是卵生。

肢骨中空，身体轻巧，后肢细长，口内长满尖利的牙齿，身后拖着一条细长的尾巴

以其独特娇小的外形，经常出现在各种儿童恐龙科普读物中，还出现在美国大电影《失落的世界：侏罗纪公园》和《侏罗纪公园3》中。在《失落的世界中：侏罗纪公园》中，它被错误地描述为一种生活在"三叠纪"的恐龙；《侏罗纪公园3》所描述的角色也与小说《侏罗纪公园》中的叙述大相径庭

别名：细颌龙　｜　分布：德国南部、法国南部

掠海翼龙 Sea runner

生活年代： *距今约1.1亿年前的侏罗纪晚期*

掠海翼龙是一种会飞的恐龙，特别喜欢在浩无边际的大海上空"游荡"，时时留意海面情况，只要发现海面上有生物踪迹，便会让剪刀般的大嘴猛地插入水中，随后经过划水、捕获、脱离水面、挺脖、抖冠、吞鱼等一系列干净利落的动作，获取想要的美食，然后又迅速地消失在海平面上。

形态 掠海翼龙体型较小，体长约1.8米，头高约1.4米，翼展约4.5米。头颅骨很长，长约1.42米，头顶上具有巨大的冠状突起，从鼻子末端一直延伸到后脑，约占整个头部体积的四分之三，形状与刀片类似。喙较长，且十分锋利；下颌发达，且略长于上颌；喙的整体形状与剪刀类似。颈部较长。

习性 **活动：** 具备快速运动的能力，可以半直立步态在陆地上行走，也可以在空中快速飞行，在海面上空飞行时可用剪刀一样的大嘴捕食海面上的水生生物。**食性：** 肉食性，常以鱼、水生无脊椎动物、空中飞行的小型动物及陆生动物为食。**生活史：** 可能具有与今天鸟类相似的繁殖行为，以卵生方式繁殖后代，繁殖期雄性可能通过头顶冠饰来吸引雌性与它交配；交配时，雄性可能通过喷出精液到雌性恐龙的泄殖腔而使雌性受精；雌性常把卵产在湖泊附近的沙地或海滩上，成年个体会自己孵卵，照顾幼仔。

头顶上有巨大的
冠状突起

在翼龙类中并不是很出名，到目前为止，很少出现在大众文化中，偶尔出现在一些科普类图书或影视作品中

科属：翼龙科，掠海翼龙属 | 学名：Thalassodromeus Kellner & Campos

物种 1983年，巴西里约热内卢国家博物馆的凯尔纳等人在巴西东北部桑塔那组地层中发现一个前所未有的翼龙化石；2002年，Alexander Kellne和Diogenes de Almeida Campos描述并命名了这块化石，认为它属于一个新物种，因此建立了新属，即"掠海翼龙属"。之后，科学家将研究重点集中在它的头冠上。2006年研究结果表明，掠海翼龙头冠的形状有些像刀片，又有点类似矛头，在飞行过程中可能起到"舵"的作用；另外，在头冠化石上还发现了纵横交错的沟槽，科学家们推测，这个头冠可能是帮助翼龙调节体温的发达血管系统，还有科学家认为，头冠在繁殖期时可能发挥着求偶作用。这巨大的头冠可能还具有更多更强大的功能，但还需要更多化石证据进行佐证。

可能和剪嘴鸥一样，靠飞掠水面捕鱼为生

别名：不详 | 分布：巴西

掠海翼龙

双脊龙 Unknown

生活年代： *距今约1.1亿年前的侏罗纪晚期*

双脊龙在众多恐龙中算是长相不错的，首先，体型非常匀称，不像其他恐龙那样长得"五大三粗"；头顶还有两个头冠，远远地看上去好像戴了一个"王冠"，不仅是在与敌人交锋中制敌取胜的法宝，还是雄性炫耀自己以吸引雌性配偶的关键。正是由于头上的这两个头冠，人们将它命名为"双脊龙"。

形态 双脊龙体型中等，整个身体骨架极细，体长约6米，站立时头部高约2.4米。头顶上长着两片大大的骨脊，骨脊呈平行状态；口鼻部前端较为狭窄，下颌骨比较狭长，上下颌上都长有锐利的牙齿，但上颌的牙齿比下颌的牙齿略长。前肢较为短小，后肢比较长；尾部长且粗壮。

习性 **活动：** 二足行走，活动敏捷、迅速，可以快速地奔跑，常出现在河湖边与丘陵地附近。**食性：** 尚存争议。有人认为它是肉食性恐龙，常以小型、稍具防御能力的鸟脚类恐龙，或体形较大、较为笨重的蜥脚类恐龙，如大椎龙等为食，也可取食矮树丛中或石头缝里的细小蜥蜴或其他小型动物；也有人认为，它是一种食腐肉恐龙，只以大型原始蜥脚类恐龙死尸为食。**生活史：** 同其他恐龙一样，通过产卵方式繁殖；繁殖期雄性通过头顶上的冠饰来吸引雌性，交配时，雄性通过喷出精液到雌性恐龙的泄殖腔而使雌性受精。

头顶上长着两片大大的骨冠

科属：双脊龙科，双脊龙属 | 学名：Dilophosaurus Welles

物种 1942年，古生物学家塞缪尔·威尔斯在美国亚利桑那州发现了双脊龙第一个化石标本，被送到加州大学柏克莱分校清理并架设。由于当时古生物知识有限，这块化石被认为是斑龙的一个种，即魏氏斑龙。1970年，塞缪尔·威尔斯重回发现处测定该地年代，发现了一个新标本，具有明显的两个冠饰，他才意识到这是一个不同于斑龙的全新物种，是独立的一个属，于是将这些化石命名为"双脊龙"。经过十几年研究，1984年他再次详细完整地重新描述了双脊龙，明确了它的系统分类。2001年，布鲁斯·罗斯柴尔德等人发表一份兽脚类恐龙的压力性骨折研究，研究了60个双脊龙脚掌骨骼，并没有发现压力性骨折的迹象。

多次出现在大众文化中，最著名的是电影《侏罗纪公园》及其同名原著小说《侏罗纪公园》。在电影中，双脊龙颈部拥有可收缩的皱折，类似褶伞蜥，且能射出盲毒液使猎物失明且瘫痪，但对于它是否可以喷射出毒液，目前尚无可靠证据；电影《侏罗纪公园》的衍生商品，包含玩具与电视游戏，例如《侏罗纪公园：基因计划》《失落的世界：侏罗纪公园》《帕拉世界》《侏罗纪圣战》中都包含了双脊龙；动画片《蓝猫淘气三千问》中，双脊龙同样被描述成会喷射毒性唾液的侏罗纪怪兽

别名：双冠龙、双崎龙　|　分布：美国亚利桑那州及中国云南省禄丰县

梁龙 Unknown

生活年代：距今约1亿5000万～1亿4700万年前的侏罗纪晚期

梁龙是一种十分著名的恐龙，独特霸气的体型，让人看上一眼就难以忘记，身体特点概括起来就是"小脑袋、长脖子、小身板、大尾巴"，从身体特征不难看出，它应该是一个"傻大个儿"，小小的脑袋使它不太可能很聪明，以它的"智商"，大概只能取食一些植物，对于那些足智多谋的动物，恐怕就束手无策了。

形态 梁龙体型巨大，身体全长可达27米，背部骨骼较轻，体重只有十几吨。头部小巧而纤细，鼻孔位于头顶，嘴前部长着扁平细小的牙齿，嘴侧面和后部均没有牙齿。颈部非常长，长约7.5米；四肢非常粗壮，前肢较后肢略短，每只脚上有五个脚趾，但只有一个脚趾上具爪；爪巨大而弯曲。尾巴极长，约由70块尾椎所构成，长约13米。

习性 **活动：**体型巨大，四足行走，身体十分笨拙，但颈部十分灵活，可以辅助取食低于自己身高的食物，在取食较高植物时需要以后肢和尾巴来支撑身体以提高身体的高度，减少颈部取食时的压力。**食性：**植食性，常以植物枝叶及果实等为食，可取食低于自己身高的食物，也可以取食较高的植物。**生活史：**同其他恐龙一样，通过产卵方式繁殖；繁殖期，成年雄性个体通过极长的颈部来吸引雌性个体，交配时，雄性通过喷出精液到雌性恐龙的泄殖腔而使雌性受精。生长速度十分快，仅需十年便可以达到性成熟。

有最多骨架与实体模型的蜥脚类恐龙，骨骼模型在世界各地进行展览

科属：梁龙科，梁龙属　|　学名：Diplodocus Marsh

物种 1878年，塞缪尔·温德尔·威利斯顿在美国怀俄明州科摩崖发现了梁龙的第一副化石，同年由古生物学家奥塞内尔·查利斯·马什将它命名为"长梁龙"，最终确定为梁龙的模式种。 1878～1924年，人们又发现了梁龙的几个物种，对其进行了描述和命名；之后，在美国西部科罗拉多州、犹他州、蒙大拿州及怀俄明州莫里逊组陆续发现了梁龙化石，到目前为止，梁龙化石数量非常大。在这些化石中，已发现较完整的骨骼，却很少发现头颅骨。卡内基梁龙骨骼化石是最接近完整的骨骼，骨架模型在世界上许多博物馆展出。通过对这些化石的研究，人们明确了梁龙的形态特征、行走及取食姿势、栖息地、食性及生长繁殖等方面的信息。

经常出现在有关恐龙的电影与电视节目中，最早可追溯到1914年的动画电影《恐龙葛蒂》；在迪士尼动画电影《幻想曲》的《春之祭》段落，也出现许多蜥脚类恐龙，其中有一个便是梁龙；它还出现在BBC电视节目《与恐龙共舞》第二集中，介绍了它的繁殖行为

别名：不详 ┃ 分布：北美洲西部

角鼻龙 Horn lizard

***生活年代：** 距今约1亿5300万～1亿4800万年前的侏罗纪晚期*

角鼻龙本领高超，当它在陆地上活动时，身手十分敏捷，只要被它看中的猎物，很少能逃离它的魔掌；它在水中也可以游刃有余，称得上游泳高手，在水中捕食本领也十分高强，不仅可以取食一些笨拙的小鱼，还可以捕食凶猛无比的鲨鱼。

头部生有小锯齿状棘突

形态 角鼻龙体型中等，体长3.5～6米，背部中间有一列小型的、由皮内成骨形成的鳞甲。头部极大，颅骨极长，每个眼睛上方均有一块隆起的棱脊；鼻部上方有由鼻骨隆起形成的鼻角；嘴部极大，口内具有很多短刃状牙齿，每块前上颌骨上有3颗牙齿，每块上颌骨上有12～15颗牙齿，每块齿骨上有11～15颗牙齿。前肢短而强壮，具有4指，后肢较长。尾巴极长，约占整个身体长度的一半，其上具有较高神经棘。

习性 **活动：** 二足行走，身体十分灵活，可快速奔跑、跳跃；目前有研究表明，它还可以在水中游泳，游动速度极快。**食性：** 肉食性，不仅可以陆地上中小型生物为食，还以水中鱼类和鳄鱼等为食。**生活史：** 同其他恐龙一样，采取卵生方式繁殖，每到繁殖期成年雄性个体可通过鼻角来吸引雌性个体与它交配，交配时雄性通过喷出精液到雌性恐龙的泄殖腔而使雌性受精，成年角鼻龙可能具有哺育后代的行为。

鼻子上方生有一只短角，两眼前方也有类似短角的突起

科属：鼻角龙科，角鼻龙属　｜　学名：Ceratosaurus Marsh

物种 角鼻龙的大部分化石都在美国犹他州中部克利夫兰劳埃德采石场及科罗拉多州干梅萨采石场发掘出来。1884年，奥塞内尔·查利斯·马什描述并命名了它的模式种角鼻龙，并提出角鼻龙的鼻角是种攻击、防御的武器。1920年，查尔斯·惠特尼·吉尔摩对它进行了重新描述，赞同马什对鼻角功能的结论，但这一观点却不为大多数人认可。1990年，嘉克斯·高斯特在仔细研究了这些化石后提出，鼻角只有视觉展示物功能，不能用于攻击和防御。20世纪后，人们相继命名并叙述了角鼻龙的其他物种，所发现的化石大多为一些不完整骨骼碎片。

一种非常出名的恐龙，1914年便在默片《Brute Force》中献出了荧幕首秀；之后，它频频出现在各种相关电影中，如1940年迪士尼动画电影《幻想曲》的《春之祭》段落、1956年动画电影《The Animal World》、1966年电影《公元前一百万年》、1975年电影《被时间遗忘的土地》及2001年电影《侏罗纪公园3》。各种纪录片中也少不了它的身影，它曾出现在探索频道电视节目《恐龙纪元》及纪录片《侏罗纪格斗俱乐部》中

别名：角冠龙 | 分布：美国、葡萄牙、非洲等

剑龙

生活年代： 距今约1亿5500万～1亿5000万年前的侏罗纪晚期到白垩纪早期

剑龙长得十分高大威猛，背上长了一些又高又尖的骨板，尾巴上还长了一些尖刺，看上去异常可怕。在那个环境险恶的时代，作为植食性动物，它就靠着那些可怕的骨板和尖刺才得以生存。与很多恐龙相比，它是很善良的，喜欢吃素，不会去主动攻击其他动物。

形态 剑龙体型较大，身长约12米，身高约5米。头部较小，长着像鸟一样的尖喙，喙里没有牙齿，但嘴里两侧有些很小的牙齿，呈三角形；颈部短小粗壮；背部呈弓形，平行排列着两道形状类似风筝的板状物；前肢较后肢短许多，每个前脚上有5个脚趾，每个后脚上有3个脚趾；尾巴尖端长有长刺，刺长约4米。

习性 **活动：** 四足行走，前肢较短，后肢较长，所以行动时后肢的脚步会受到前肢的限制，显得笨拙、缓慢。奔跑时最快速度为6～7千米每小时。**食性：** 植食性，食性广泛；头部位置较低，常以较低矮的植物为食，如苔藓、蕨类、木贼、苏铁、松柏及一些果实等。**生活史：** 同其他恐龙一样，通过产卵方式繁殖；交配时，雄性通过喷出精液到雌性恐龙的泄殖腔而使雌性受精，但是否哺育后代目前尚无明确证据。

背上有一排巨大的骨质板，以及带有四根尖刺的危险尾巴来防御掠食者的攻击

科属：剑龙科，剑龙属 | 学名：Stegosaurus Marsh

物种 剑龙最早是1877年由奥斯尼尔·查尔斯·马许命名。古生物学家对剑龙的研究已有100多年历史，其间发现的剑龙化石大多支离破碎，只有少数几个保存完整。1980年，四川省自贡市大山铺发现了一种名叫"太白华阳龙"的剑龙，除几具骨架外，还包括两个完好的头骨。华阳龙的问世，打破了人们过去认为欧洲是剑龙的故乡，它后来才移居到美洲、亚洲和非洲的看法，许多古生物学家相信剑龙的起源中心应在亚洲。1886年，一具完美的剑龙头骨骨架化石在美国科罗拉多州被发现，此后，其化石在欧洲、北美、东非及东亚都有发现，以亚洲发现最多，大部分发现于我国，迄今已有9个种类，占世界已知总数的一半，我国也成为世界上剑龙类化石蕴藏最丰富的国家，这些代表了5个不同演化阶段的剑龙化石，为东亚是剑龙类发源地和最主要演化中心的理论，提供了重要的化石依据。2015年3月9日，科学家在美国发现了世界上最完整的剑龙骨架，对剑龙的了解更上了一层楼。

美国科罗拉多州"州恐龙"，1933年的经典电影《金刚》、1940年的迪士尼动画电影《幻想曲》、阿瑟·柯南·道尔的小说《失落的世界》、克莱顿的小说《侏罗纪公园》等均出现其身影

别名：不详 | 分布：亚洲、北美洲、欧洲、非洲

阿马加龙 La Amarga lizard

生活年代： *距今约1.3亿～1.2亿年前侏罗纪到白垩纪巴列姆阶至阿普第阶早期*

阿马加龙的体型非常巨大，最长超过了30米，长长的脖子和粗壮又长的尾巴常可以毫不费力地吸引人们的眼球。考古人员曾发现了脖子长度是躯干长度4倍的阿马加龙化石，当然，它最大的特征要数脖子和上半身的"神经棘"了，这些神经棘看上去又长又尖，很吓人，但其实是用来迷惑敌人的，实际上，这些棘十分容易破损，根本不能用来防御敌人。

形态 阿马加龙体型巨大，身体全长9～10米，最长可超过30米，体重大约2.6吨；头非常小，脖子很长，包括13节颈椎，通常是它身体长度的1.36倍，但与其他蜥蜴类动物相比却略短些。身体十分粗壮，呈水桶形，脖子和背部的前半部分长有神经棘，呈锥形，排列成两列，脖子中间的神经棘最长。四肢短而粗壮，像四根圆柱体一样。尾长而粗壮，末端变尖。

习性 **活动**：有关阿马加龙运动方面的研究目前尚无定论，根据1991年的研究结果表明，由于腿部较短，它不能快速运动；但1999年有人提出阿马加龙的腿部十分健壮，且受弯矩影响，可以敏捷而迅速地运动。**食性**：食草性，常以低矮蕨类植物的枝叶、苏铁植物、裸子植物、松柏科植物、木贼属植物等为食。**生活史**：由于生物交配很难通过化石形式保存下来，对尼日尔龙生活史的研究目前还不完善。研究结果表明，它们可能跟一些鸟类一样，雄性通过喷出精液到雌性恐龙的泄殖腔进行繁殖；有研究表明，它脖子和背部的神经棘可能和性别有关。

背上有两排鬃毛状的长棘，从头部到背部的背骨中长出

科属：叉龙科，阿马加龙属　|　学名：Amargasaurus Salgado & Bonaparte

物种 阿马加龙的化石是在阿根廷内乌肯省的La Amarga峡谷被发现，并于1991年由阿根廷古生物学家利安纳度·萨尔加多及约瑟·波拿巴命名。这块化石是一个相对完整的骨骼，包括了头颅骨的后部，所有颈部、背部、臀部及部分尾巴的脊骨等，最明显的特征是在颈部及背部脊骨上一列高棘，即"神经棘"，所以，后期对它的研究主要集中在这些神经棘上。研究表明，这些棘可能是具有支撑作用的一对较高的皮蓬，在棘龙、无畏龙及盘龙目的异齿龙身上也发现了同样的蓬，但对蓬的功用却有很多不同假说，如自卫、沟通或控制体温等，但它真正的功用目前并不明确，尚需进一步研究。

长相十分奇特，玩具模型常是小朋友们梦寐以求的心爱之物，化石标本出土于阿根廷，2005年8月2日，其化石标本在澳大利亚墨尔本市的墨尔本博物馆里进行展览，工作人员迪安·史密斯小心地修整阿马加龙标本的牙齿，使之看起来栩栩如生，被参观者称为"被唤醒的阿马加龙"

别名：不详 | 分布：阿根廷、阿马加河流域

白垩纪

棱齿龙 Hypsilophus-tooth

生活年代： *距今1.25亿～1.15亿年前白垩纪早期*

棱齿龙同人们对大多数恐龙的印象并不十分一致。在通常的印象中，恐龙一副凶神恶煞的样子，是凶猛的肉食动物，然而棱齿龙却是如假包换的"素食主义者"，身材也十分小巧，还有一双"修长"的腿，运动起来可以如羚羊一般矫健，遇到劲敌时，唯一的逃生手段就是——逃跑。

形态 棱齿龙体型较小，属小型恐龙，体长1.4～2.3米，高度可以达到成年人类的腰部，头部只有成人的拳头大小，颌部牙齿大致呈棱状，其实形状不均一，排列成单列，上颌牙齿齿冠的颊面具有厚的釉质层，约28～30颗；手臂较长，手有5指，有两条腿且腿十分长，每个脚掌有四个指骨；尾十分坚挺。

习性 **活动：** 群体方式，活动范围较广，行动迅速敏捷，可以像羚羊一样躲闪和迂回奔跑以躲避天敌，并具有敏锐的双眼，以发现逼近的食肉动物。**食性：** 草食性，食性非常广，常以各种低矮植物为食，尤喜以蕨类植物为食，取食时先将树叶储存在颊囊里，再用后面的牙齿慢慢咀嚼以消化食物。**生活史：** 目前还不十分明确，尤其是对其后代的研究，只发现了整齐布置的巢，说明孵化后可能对后代进行了部分照顾。

喙嘴狭窄锐利，便于咬食树的枝叶

陆生双足，个子不大，身体很轻，非常善于奔跑，食素

手臂长，手有5指，很适合抓扯食物并能捧食

足有四趾，每趾端均为尖蹄形

科属：棱齿龙科，棱齿龙属 | 学名：Hypsilophodon Huxley

物种 对棱齿龙的研究最早集中在对其的命名及定义上，它的第一个骨骸是在1849由早期古生物学家发现，然而当时这些骨头被认为是年轻禽龙；直到19世纪70年代，古生物学家汤玛斯·亨利·赫胥黎才发表了对棱齿龙的完整叙述；80年代对棱齿龙的研究主要集中在对其骨骼结构及栖息地的探究上。1882年，有些古生物学家提出棱齿龙如同现代树袋鼠，能够攀爬树以寻找躲藏处，这个观点持续了整整一个世纪，直到1974年，彼得·加尔东展示了棱齿龙更准确的肌肉与骨骼结构，并说服了大多数古生物学家棱齿龙是生存于地面上。之后，人们又发现了3个接近完整的化石和20个较差的化石，发现地主要集中在在英格兰南部海岸的威特岛、英格兰南部和葡萄牙。

运动最快的鸟脚类恐龙，是一群素食主义者，在著名的恐龙百科《侏罗纪公园》一书中有部分介绍，它也是博物馆中常见的一种小型恐龙，但很少出现在影视作品中

别名：凌齿龙 | 分布：英国威特岛、西班牙泰鲁、美国南达科塔州

禽龙 Hypsilophus-tooth

生活年代： *距今约1亿4000万 ~ 1亿2000万年前白垩纪早期*

禽龙看上去十分健壮，性情却不很凶猛，一般不会主动进攻其他生物，是典型的"素食主义者"，它也被人们称作"鬣蜥的牙齿"。说起名字由来，有一段有趣的历史，据说1822年吉迪恩·曼特尔和妻子在拜访一位病人时，无意中在蒂尔盖特森林的地层中发现了禽龙牙齿，大部分人认为那是鱼类或哺乳类的牙齿，直到1840年，人们发现了禽龙化石并确认了这些牙齿与鬣蜥牙齿的相似处后，曼特尔才将它们命名为"Iguanodon"——在希腊文里，iguana即意为"鬣蜥"，odontos即意为"牙齿"。

形态 禽龙体型较大，属于大型恐龙，体长约10米，高3 ~ 4米。与庞大的身体相比头部较小，牙有锯齿状刃口；手臂发达，长且粗壮，一般短于后肢，手部不易弯曲，拇指朝上生长，呈圆锥尖状，如尖钉子一般，且与中间三根主要指骨垂直；后肢强壮且发达，每个脚掌有三个脚趾；尾长且粗壮，可平衡身体。

习性 **活动：** 禽龙常以群体方式活动，曼特尔根据前肢短于后肢，推测它可能采用笔直站立的步态活动，但大卫·诺曼认为随着年龄增长和体重增加，将更常采取四足步态。**食性：** 草食性，常以距离地面约4.5米的裸子植物为食，如木贼、苏铁和针叶树等。**生活史：** 大量化石研究结果表明，生活在贝尼沙特的禽龙寿命较短，常在幼年期便死亡，生活在德国Nehden镇的禽龙则寿命较长；对于禽龙属于两性异形动物的这一推断，目前并无明确的证据。

科属：禽龙科，禽龙属 | 学名：Iguanodon Boulenger

物种 对禽龙的研究最早集中在命名及定义上，后来集中在行走姿势和社会行为上。但对于其到底采用两足方式还是四足方式行走并没有定论；1878年，在比利时贝尼沙特的煤矿坑，发现了最大型的禽龙化石，后来至少有38个禽龙个体在同一地点附近被挖掘出土，其中大部分为成年个体。从1882年开始，这群化石中大部分被公开展览，其中11个是以站立姿势展出，而另外20个是以它们被挖掘出土的形态展出，是布鲁塞尔比利时皇家自然科学博物馆的重要展览品。

最早被叙述的恐龙之一，也是最著名的恐龙之一，常被当作不同时代科学界与一般大众对于恐龙看法差异的基准点之一，目前已成为大众文化的常见主题之一。1852年，伦敦的水晶宫竖立了两个禽龙雕像，且禽龙已出现在许多影视及文学作品当中，例如迪士尼的动画电影《恐龙》《历险小恐龙》、英国广播公司的电视节目《与恐龙共舞》及小说《失落的世界》

别名：鬣蜥的牙齿 | 分布：欧洲的比利时、英国、德国，北美洲，中国等

无畏龙 Brave (monitor) lizard

生活年代： *距今约1亿1000万年前的白垩纪早期阿普第阶*

乍一听无畏龙的名字，人们不禁会被它的霸气所折服，它的确对得起自己的名字——是迄今为止地球上出现过的最大陆生动物。从它的魁梧的体型来看，也真是无所畏惧了，早已被人们誉为"世界恐龙霸主""远古霸主"等。

形态 无畏龙体型非常大，属于大型恐龙，体长7~8米，背部生有与身体紧密相连的船帆状突起；口鼻部较长，且由角质鞘包覆着，鼻孔大，鼻孔到头颅骨顶部之间有个不规则隆起；嘴部前方没有牙齿，是喙状嘴，如同鸭子一样扁平，脖子较长且十分灵活；每个手都有拇指尖爪，中间三个指骨较宽广，类似蹄状，最后一个指骨修长；与前肢相比，后肢大而结实，脚掌较小，每个有三个脚趾。

习性 **活动：** 无畏龙虽然行动不是十分敏捷，但强壮的后肢使它善于奔跑，既可以用四条腿活动，也可以两条腿活动，需要休息时能向前倾斜而用四肢着地，用蹄状爪来保持身体平衡。**食性：** 草食性，常以蕨类植物的枝叶为食，取食时常用前臂最后一根手指挑起树叶、树枝等送入口中咀嚼。**生活史：** 目前尚不明确，有待开发大量化石进行研究。

最引人注目的特点是它的背部有一个大的"帆"，由长而宽的神经棘支撑，横跨它的整个臀部和尾部

科属：禽龙超科，豪勇龙属 | 学名：Ouranosaurus Taquet

物种 1966年，法国古生物学家菲利普·塔丘特在西非尼日尔的尼日阿加德兹沉积层首次发现了两个完整的无畏龙化石，1976年正式叙述、命名；2014年9月5日，《科学报告》报道了有关无畏龙化石的重要论文，其出土于阿根廷西南部巴塔哥尼亚，是史上最大的恐龙化石。

迄今为止最大的陆地动物之一，有"世界恐龙霸主"之称，在2016年年初，亮相于美国自然历史博物馆

别名：豪勇龙、天堂龙 ｜ 分布：西非的尼日尔

古角龙　Ancient horned face

生活年代： *距今约1.4亿～1.3亿年前的白垩纪早期阿普第阶*

　　古角龙在恐龙界算是"迷你"物种，身材娇小，与恐龙在人们心目中的形象大相径庭，加上它长长的尾巴和大大的脑袋，身长不足1米。另外，它虽然名叫古角龙，但与其他晚期的角龙相比，头上并没有明显的额角，似乎"名不副实"。

形态　古角龙体型较小，属于小型恐龙，身体头到尾似乎不足1米。与瘦小的身体相比，头非常大，头后带有一些小褶皱突起。前肢短小，每个手掌有4根手指。后肢较粗壮，具蹄状结构。尾部较上身长，且十分粗壮，其上还有一些坚硬的突起。

习性　**活动：**古角龙前肢较为短小，常用两足行走，活动敏捷迅速，受到敌人攻击时，常用粗壮的尾巴回击；取食时，常用尖且锋利的嘴咬断树叶和树枝。**食性：**草食性，身材矮小，常取食地面附近的植物，以蕨类植物的枝叶、苏铁植物、裸子植物、松柏科植物、银杏等为食。**生活史：**目前研究结果表明,它们和大多数角龙一样，繁殖季节时，会将产蛋的窝筑造在一起，连成一片，然后在窝中产蛋，孵化出的小恐龙常需要母亲照顾，直到独立生活为止。

头盾小，没有角，身躯小，但头大大的

科属：古角龙科，古角龙属　|　学名：Archaeoceratops Dong & Azum.

物种 古角龙是生活在亚洲的一种小型恐龙，1992～1993年，由中国–日本共同组织的"中日丝绸之路恐龙考察"团队，先后在马鬃山和吐鲁番盆地进行了两年的野外发掘和考察，最终于中国甘肃省马鬃山地区公婆泉盆地的新民堡组发现了古角龙的第一块化石，它的属下只有大岛氏古角龙（*A. oshimai*）一个种，1996年由董枝明及东洋一于共同命名；并且他们发现了鹦鹉嘴龙和大岛古角龙是共生的，论证了古角龙是角龙类的真正始祖，证实了角龙类起源于亚洲，而后迁移到北美的假说。后来又发现了一些古角龙化石标本，其中模式标本（编号IVPP V11114）是一个部分完整的骨骸，包含头颅骨、尾椎、骨盆以及大部分的后脚掌，而副模式标本（编号V11115）是一个不完整的骨骸，比模式标本小，只有保存相当好的尾椎、部分后肢、一个完全保存的脚部。

并不经常出现在大众视野中，目前采集到的化石大部分是一些断肢、断臂。最初的化石标本是"中日丝绸之路恐龙考察"团队发现的，由于它迷你的外形，可在市面上买到它的仿真模型

别名：不详 ｜ 分布：中国甘肃

古角龙

波塞东龙 Earthquake god lizard

生活年代： 距今约1.12亿年前的白垩纪早期阿普第阶至阿尔布阶

波塞东龙的属名由sauros与poseidon两部分组成，sauros在希腊文中意为"蜥蜴"，poseidon意即"使大地震动者"。称它为"使大地震动者"并不为过，它庞大的身躯在生物界名列前茅，尤其是"身高"，最高可达17米，相当于六层楼的高度；短短的身体和长长的脖子看上去则像是现代的长颈鹿。

形态 波塞东龙体型十分巨大，身长30～34米，身高约17米，可能是世界上最高的生物，体重50～60吨；颈部极长，11.25～12米，头部较小；脊椎骨极长，最大的一个脊椎骨长度约1.4米，是目前纪录中最长的一个；身体较短小，四肢及尾部并不十分粗壮，尾部略长于身体。

习性 **活动：** 对波塞东龙运动方面的研究尚无明确定论，研究人员推测，它的四肢较短，行动较为缓慢，但运动能力较强；而且由于体型巨大，几乎没有掠食者，所以活动范围很广。**食性：** 草食性，常以蕨类植物的枝叶、苏铁植物、裸子植物、松柏科植物、木贼属植物等为食，与其他植草性恐龙相比，它可以取食距离地面较高的植物。**生活史：** 目前的研究结果表明，雄性可能通过喷出精液到雌性恐龙的泄殖腔进行繁殖，寿命一般较长，成年个体一般少有掠食者，幼年个体常被群体行动的恐爪龙作为猎物捕食，降低了波塞东龙的平均寿命。

颈部肋骨极长，第六节颈肋的长度为3.42米，比长颈巨龙的最长颈肋长18%，也超越马门溪龙的颈肋

目前已知最高的恐龙，与腕龙有接近亲缘关系

科属： 腕龙科，波塞东龙属 | **学名：** Sauroposeidon Wedel, Cifelli & Sanders

物种 波塞东龙的四个脊椎骨化石最初由Richard Cifelli博士与俄克拉荷马自然历史博物馆的团队于1994年在俄克拉荷马州的乡村鹿角组发现，但这些化石起初仅被认为是过大的动物化石；1999年，Cifelli博士将它们交给了毕业班学生Matt Wedel，以分析部分研究计划，随后发现了这个化石的独特性，并在隔年的《脊椎动物古生物学期刊》上正式公布并命名。将它与人类的体型相比的相关新闻1999年被传出后，马上引起大众媒体的注意，并导致许多新闻不精确地将波塞东龙报道成"有史以来最大的恐龙"；经过一系列测量研究后，证明波塞东龙可能是目前已知最高的恐龙，而阿根廷龙才是世界上最庞大恐龙之一。

被认为是世界上最高的生物，高大的形象经常出现在科普读物和影视作品中。在《恐龙探秘》第13期中，详细介绍了波塞东龙，它最初被发现的化石标本被俄克拉荷马自然历史博物馆所收藏

别名：海神龙、蜥海神龙　|　分布：墨西哥湾的三角洲、美国俄克拉荷马州

鱼猎龙 Spinosaurid theropod dinosaur

生活年代： 距今约1亿1700万～1亿1600万年前白垩纪早期阿普第阶

鱼猎龙的体型较小，和其他近亲相比，不仅长得小还很瘦弱。事实上，它可更喜欢吃肉，不仅以陆地上的生物为食，还可捕食水中游动的鱼，拉丁文学名为"*Ichthyovenator*"，意即"捕鱼的猎人"。

形态 鱼猎龙体长约9米，臀高约2.5米，体重约3吨，从背部到臀部有神经棘构成的背帆，常分成两个段落，第一段分布于背部，前后长度超过1米；背椎的神经棘末端较宽，外形呈梯形，倒数第二节（即第12节）背椎的神经棘最长，长度为54.6厘米；第二段较为低矮，从臀部的荐椎延伸而出，最高处位于第三、第四节荐椎，神经棘长度约48厘米，末端变宽，呈扇形；第五节荐椎的神经棘较短，各个荐椎间的神经棘并没有愈合或互相接触。

习性 **活动：** 捕食时沉稳迅速，粗壮的后肢常稳稳地站在水里，支撑着庞大的身躯，然后用前肢上锋利的爪子迅速完美地对准水中的鱼类，一招致命，然后开始美美地享受美食。**食性：** 肉食性，常以各种小型到中型的食肉恐龙为食，尤其喜欢捕食鱼类。**生活史：** 鱼猎龙化石并不多，至今还没有找到过一具比较完整的鱼猎龙骨骼化石，所以对其生活史的研究目前还不完善，只推测它的雄性可能通过喷出精液到雌性恐龙的泄殖腔进行繁殖，其他更多信息有待进一步研究。

科属：棘龙科，鱼猎龙属 | 学名：Ichthyovenator Allain

物种 2010年，在老挝的沙湾拿吉省的Grès supérieurs组地层发现了鱼猎龙的第一块化石，Grès supérieurs组的地质年代为阿普阶，该化石仅发现在一个小于2平方米的挖掘地点，是目前唯一发现的鱼猎龙标本，2012年被正式描述。该标本包括：后段背椎、5节荐椎、前2节尾椎、骨盆的坐骨与肠骨以及肋骨，整体约有12%的完整度。尽管鱼猎龙的正模化石完整度并不高，但足以提供很多身体构造和特征的信息；同时，科学家们用此套骨骼化石，通过对比研究出棘龙科重爪龙亚科的共同特征和详细演化历程；此外，鱼猎龙化石也是目前最完整的亚洲棘龙科恐龙化石，其化石完整度远远超过了生活在泰国的暹罗龙，而且它也是第一个被命名的老挝棘龙科恐龙。

被称为"老挝的恐龙明星"，历史上在老挝发现的恐龙并不多，鱼猎龙又以它背部奇特的背帆深受大家重视，目前，科学家根据所发现的化石推测出来的鱼猎龙模型已收藏在北京自然博物馆

别名：渔猎龙 | 分布：老挝

鱼猎龙

似鳄龙 Crocodile mimic

生活年代： *距今约为1亿2000万～1亿1000万年前的白垩纪早期*

似鳄龙喜食鱼类，在水中捕鱼时，常将尾巴翘起来，表现出一副及其傲慢的姿态，仿佛是这个世界的霸主。学名为"Suchomimus"，意即"鳄鱼模仿者"，所以，人们根据这些特点将它命名为"似鳄龙"。

形态 似鳄龙体型较大，体长约12米，脊椎有高大的延伸物，最高处位于臀部，常撑着由皮肤构成的不是十分高大的帆状物或背脊；口鼻部前端较大，长且低矮，颌部狭窄，内部约有100颗牙齿，并不非常锐利，且稍微往后弯曲；前额有一小角饰；前肢强壮，手部有三指，拇指上有大型镰刀状指爪；后肢较短，头骨比较细；尾部十分强壮。

习性 **活动：** 捕食时沉稳而迅速，粗壮的后肢稳稳地站在水里，支撑着庞大的身躯，结实有力的尾巴高高翘起，然后用前肢上锋利的爪子来捕获美味。**食性：** 肉食性，常以鱼类、各种中到大型的恐龙为食，尤其喜欢捕食鱼类。**生活史：** 目前科学家发现的似鳄龙化石并不多，由于生物交配很难通过化石形式保存下来，所以对似鳄龙的生活史研究目前还不完善，它的雄性可能通过喷出精液到雌性恐龙的泄殖腔进行繁殖，一般寿命较长。

体型巨大，长得一副凶神恶煞，口鼻部又窄又细，加上数量极多的牙齿，像极了凶猛的鳄鱼，好像一口就能将人吞进它的肚子里，让人望而生畏

科属：棘龙科，似鳄龙属 | 学名：Suchomimus Sereno

物种 1997年，以芝加哥为根据地的古生物学家保罗·塞里诺（Paul Sereno）组成一个挖掘团队，在撒哈拉地区发现了新的鲨齿龙与帝鳄标本后，在尼日尔的泰内雷沙漠附近发现第一块似鳄龙化石，约有2/3的骨骸，属于一种巨大的鱼食性动物，依据化石头部的形状被命名为"似鳄龙"；后期研究主

要集中在对它形态特征的确定上，头部形态类似于鳄鱼，很适合猎食鱼类，与其他大型兽脚类恐龙相比，骨骼结构较不结实，尤其是头部，前肢较为强壮，其上有巨大的镰刀状拇指指爪；而其他方面的信息有待于进一步研究。

体型巨大，十分凶猛，在恐龙界号称"所向披靡"，形象经常出现在一些象征着进取、成功的装饰上，也会出现在一些少儿卡通的影视作品中

别名：不详 | 分布：非洲尼日尔

高棘龙 High-spined lizard

生活年代： *距今约1.2亿～1.08亿年前白垩纪早期*

高棘龙生性凶猛，是生态系统中顶级的掠食者，捕食时常跳到猎物身上，用牙齿攻击猎物，直到猎物感到疲惫，再咬住敌人的长脖子，直至最后杀死猎物，自己饱餐一顿。

形态 高棘龙体型巨大，长约11米，高约4米，体重约5吨，其颈部、背部和尾部都有较长的棘椎突起，长20～50厘米；头颅骨长，且低矮、狭窄；眶前孔非常大，约占头部的1/4长、2/3高度；鼻骨上有长且低矮的棱脊，从鼻孔开始，沿着口鼻部的两侧，直到眼睛处的泪骨；上颚两侧各有19颗牙齿，呈锯齿状且弯曲，但下颚的牙齿数量未明；前肢较短、较粗壮，手部有三根手指，其上有指爪；后肢骨头较为粗壮，脚掌具有四根脚趾，第一趾小于其他小趾，无法接触地面。

▲

体型巨大，脊椎有很多部分都有高大的神经突，从颈部延伸到背部、臀部，人们根据这一特点，将它命名为"高棘龙"

习性 **活动：** 后肢行走，为二足恐龙，运动时凶猛有力，不善于快速奔跑，捕食时主要通过嘴部来猎食，只有咬住猎物，强壮的前肢才能将猎物拉近、紧紧抓住，防止猎物逃脱。**食性：** 肉食性，常以大型蜥脚类恐龙为食，如帕拉克西龙、体积庞大的波塞东龙、腱龙、恐爪龙等；善于捕捉重30～40吨的蜥脚类恐龙，然后用锋利的牙齿来撕碎猎物的皮肉。**生活史：** 目前的研究结果表明，雄性可能通过喷出精液到雌性恐龙的泄殖腔进行繁殖，一般寿命较长，达到成熟最短需要12年，平均寿命18～24年。

科属：鲨齿龙科，高棘龙属 ｜ 学名：Acrocanthosaurus Stovall & Langston

物种 1950年，美国科学家在美国俄克拉荷马州的鹿角组发现了高棘龙的完整模式标本（编号OMNH 10146）及副模标本（编号OMNH 10147），并由古生物学家J. Willis Stovall和Wann Langston Jr对它进行命名；在90年代，两副较完整的骨骼亦被发现，第一副标本（编号SMU 74646）是个部分骨骼，约有70%的完整度，大部分头颅骨遗失，于德克萨斯州双子山地层发现，保存于沃斯堡科学历史博物馆内；另一个骨骼（编号NCSM 14345）大约有84%的完整度，由私人收藏家发现于鹿角组，经南达科塔州黑山地质研究院处理后，保存于北卡罗来纳州罗利市北卡罗来纳州自然科学博物馆内，是目前最大型、最完整的标本，有唯一的完整高棘龙头骨与前肢；后期的研究主要集中在对它骨骼结构、生理特征、生活环境等的研究上。

我们非常熟悉的一种恐龙，足迹十分珍贵，人们在德克萨斯州中部玫瑰谷地层发现了很多恐龙足迹化石，其中最著名的发现于恐龙谷州立公园的巴拉斯河附近，该足迹化石展览于纽约美国自然历史博物馆。高棘龙的形象也常出现在各种科普文学作品和影视作品中，如日本动漫《古代王者恐龙王》

别名：多棘龙、多脊龙 | 分布：美国德克萨斯州、怀俄明州、马里兰州和加拿大

南方巨兽龙 Giant southern lizard

生活年代： *距今约1亿～9200万年前白垩纪早期森诺曼阶*

南方巨兽龙是地球史上最厉害的掠食者，要对付的猎物绝非容易应付的小型食草恐龙，而是差不多生活在同一时期同一地点的阿根廷龙——地球史上数一数二的庞大食草恐龙。南方巨兽龙的每颗牙齿都如同锐利的匕首一样，边缘还带有锯齿，所有牙齿都向后弯曲，如果某个牙齿脱落，新的牙齿很快能长出来填补空缺。曾有科学家推测，南方巨兽龙猎食时，只需在猎物身上结结实实地咬上一大口，产生的伤口就足以使对方流血致死。

形态 南方巨兽龙体型巨大，体长12～13米，体重4.2～13.8吨，头骨较低，长1.53～1.80米，口鼻部较大，呈钩状结构，硕大的嘴巴长有70颗锋利的牙齿，最大的牙齿长约30厘米。颈部十分强壮，后面的椎骨短而扁平，通过一个半球状结构与前半部相连。肩胛骨较短，通常是暴龙的1/2。高高的神经棘从背部一直延伸到尾椎，身体前半部分的神经棘呈叶状；前肢较为短小，掌上具3指；后肢十分粗壮，呈"S"形；尾部长而粗壮。

习性 **活动：** 常用后肢行走，为二足恐龙，运动时迅猛有力，奔跑时长长的尾巴会随着身体来回摆动以保持身体的平衡，时速最高可达60千米。**食性：** 肉食性，捕食时常成群出没，以大型或巨型蜥脚类恐龙为食，如地球史上数一数二的庞大食草恐龙阿根廷龙。**生活史：** 目前研究结果表明，雄性可能通过喷出精液到雌性恐龙的泄殖腔进行繁殖，雌性个体一般较雄性个体大，一般寿命较长，达到成熟时间所需要时间较长。

最初的化石存放在阿根廷内乌肯的卡门菲耐斯市立博物馆，其复制品在其他许多地方展出，如悉尼的澳洲博物馆。它们经常会出现在大众文化中，如影视作品《与恐龙共舞》《巨龙国度》《历险小恐龙》、IMAX电影《巴塔哥尼亚的巨兽》等

科属：鲨齿龙科，南方巨兽龙属 | 学名：Giganotosaurus Coria & Salgado

物种 1993年,考古学家Ruben D. Carolini在阿根廷巴塔哥尼亚平原进行考古发掘时意外地发现一块新的化石,证明在远古的阿根廷曾可能存在过一种可怕的怪兽,直到1995年,这种恐龙被命名为"南方巨兽龙"。这块化石包括部分头骨、部分颈椎、肩胛骨、大部分脊椎骨和部分肋骨、骨盆以及大部分后肢,还有部分尾椎;之后多年都对它的体型数据进行不断的完善和修正。2001年,Seebacher计算估计南方巨兽龙正模MUCPv-Ch1约6594千克;2004年Mazzeta在论文中指出MUCPv-Ch1的体积和一般的霸王龙体积相等。2006年之后,科学家将研究重点转移到对南方巨兽龙的社会行为研究,古生物学界普遍认同南方巨兽龙应该是智力较低的恐龙,没有复杂行为,如社会结构等,但智力足够让它们有较复杂的行为,如群居观念,甚至推测认为这种强大的恐龙从群居中学会合作猎食的技能,但关于这方面的推测还需要更多考古证据。

別名:巨兽龙、超帝龙 | 分布:阿根廷巴塔哥尼亚

尾羽龙 Tail feather

生活年代： *距今1.28亿年前的白垩纪早期*

尾羽龙最初被发现时一直被误认为是鸟类，但别看它身上和尾巴末端都覆盖有羽毛，但不会飞行。所以，自从尾羽龙出现后，科学界便开始不再以羽毛作为鉴定鸟类的特征，正由于它尾巴末端的那一簇羽毛，人们将它命名为"尾羽龙"。

形态 尾羽龙体型较小，体长70～90厘米，身高不足1米，身体形态与鸟类相似；头骨短而高，在颌骨上有气窝；口鼻部形状与鸟类类似，嘴里牙齿退化，仅存在于上颌前部，牙齿呈锥形；脖子较长，身躯短而粗壮，类似于方形；前肢较长，手指短，前肢有羽片对称的羽毛附着；后腿长，脚趾短片；胸肋上有与鸟类一样的钩状突；尾巴较短且没有愈合痕迹，尾巴末端长有一簇羽毛，羽毛呈扇形，羽毛上的羽片对称。

体型十分娇小，体长和高通常不超过1米，体重也较轻，身体部分覆盖有羽毛，看上去与鸟类相似

习性 **活动：** 双足行走，运动迅速敏捷，虽有羽毛，但不能飞行，前肢具有辅助捕食功能，常用前肢上的手指抓住猎物。**食性：** 杂食性，既取食各种低矮的蕨类植物，也以小型恐龙为食。**生活史：** 目前的研究结果表明，雄性可能通过喷出精液到雌性恐龙的泄殖腔进行繁殖，身体上的羽毛在繁殖期常有吸引配偶的功能，雌性产下恐龙蛋后，常趴在蛋上孵化自己产的卵。

科属：美颌龙科，尾羽龙属 | 学名：Caudipteryx Ji

物种 1998年，中国地质博物馆在四合屯征集到一块类似鸟龙类化石和恐龙足迹化石，将前者描述为神州龙，后者是世界上发现的第一处带毛恐龙的足迹——中国地质博物馆冯向阳研究员等学者在《地质通报》上撰文描述了该足迹标本，之后的研究方向主要集中在它的演化位置、生理结构、行为习性、亲缘位置等方面。2000年，Jones与其他人将尾羽龙的身体比例与无法飞行的鸟类、兽脚亚目比较，指出尾羽龙的脚与不能飞却适于行走的新鸟亚纲相似，如鸵鸟，得出尾羽龙是鸟类的结论；其他科学家，例如史蒂芬·切尔卡斯与赖瑞·马丁，认为尾羽龙根本不是兽脚类恐龙，与其他手盗龙类都是无法飞行的鸟类，而鸟类其实是从非恐龙的主龙类演化而来。2005年，Dyke与马克·诺瑞尔批评了Jones等人的研究在科学方法上有瑕疵，提出完全相反的结论；经过了多年争论之后，人们达成共识：羽毛发生在鸟类出现之前，不能再作为鉴定鸟类的特征，如果发现长羽毛的动物化石，必须仔细观察它的骨骼形态，才能确定它属于鸟类还是肉食类恐龙。

经常出现在科普类书籍和影视作品中，如《国宝档案·中国鸟类化石》。它的足迹化石是在我国发现的，一直收藏于中国地质博物馆

别名：不详　|　分布：中国辽宁、河北张家口

尾羽龙

小盗龙 Small Latin

生活年代： *距今约1.3亿～1.2 5亿年前的白垩纪早期*

小盗龙偶尔也可以像鸟类一样飞行，是狩猎能手，树上栖息的、陆地上走的、水里游的，都不能逃出它的魔爪。虽然它的体型较小，但在当时可也不是好欺负的。

形态 小盗龙的体型较小，体长通常42～83厘米，最长不超过1.2米。身高通常不超过1米，身上覆盖有较浓厚的羽毛，身体形态与鸟类相似；口鼻部的形状与鸟类类似，拥有无锯齿状边缘与部分锯齿状边缘的牙齿，牙齿中间较扁；前肢与后肢及尾部均长有非对称性羽片构成的羽毛。

习性 **活动**：羽毛为非对称飞羽，可以被动滑行，偶尔也可飞行，也可以在地面上运动。有些古生物学家认为，小盗龙可以使用翼从树枝上降落下来，并可能攻击或伏击地面上的小型猎物。**食性**：肉食性，善于狩猎各种环境中常见的猎物，如树栖或陆地上的小型生物、水中的鱼类等。**生活史**：目前的研究结果表明，雄性可能通过喷出精液到雌性恐龙的泄殖腔进行繁殖，身体上的羽毛在繁殖期常有吸引配偶的功能，在雌性产下恐龙蛋后，常趴在蛋上孵化自己产的卵。

体型娇小，体长和身高都不超过1米，身体部分覆盖有长长的羽毛，看上去与鸟类相似

科属：驰龙科，小盗龙属 | 学名：Microraptor Xu et al.

物种 小盗龙的命名过程
有争议。第一个标本是
数个发现于中国的有
羽毛，但彼此没有关系
拼凑在一起的恐龙化石，然
后被走私到美国，并被中国
科学院古脊椎动物与古人类研
究所的徐星与史密森机构所属的
国家历史博物馆的馆长Storrs L.命名
为辽宁古盗龙；然而，徐星后来在鉴定一
个驰龙科化石时，发现该化石的尾部与辽宁
古盗龙的尾部一样，互为镜像，认为应该来自于同一块化
石，便将这块化石除了尾巴的剩余部分命名为赵氏小盗龙。

人们对小盗龙可能并不陌生，我国的专家学者对它的研究很多。2012年3月9日，中美联合组成的研究团队，在著名国际期刊《科学》上发表一篇文章，揭示距今一亿两千万年的小盗龙的完整形态和羽毛颜色；它的形象也会经常出现在一些科普作品中

别名：不详 | 分布：中国辽宁省西部

阿尔伯脱龙 Alberta lizard

生活年代： *距今约7000万年前的白垩纪早期*

阿尔伯脱龙生活在环境险恶的白垩纪，练就了"无情凶狠"的个性，位于当时食物链的顶端，可以猎杀各种恐龙作为美食。它奔跑速度极快，一般猎物都非对手；它大大的嘴中还长满了密密的长牙，在当时几乎战无不胜。它的第一块化石在加拿大阿尔伯塔省被发现，为纪念这个发现地，它被命名为"阿尔伯塔龙"，又名"阿尔伯脱龙"。

形态 阿尔伯脱龙体型中等，成年体长约9米，体重2～3吨。头部粗壮宽大，头颅骨长约1米，其上有大型孔洞；口鼻部较长，口内有58颗牙齿，牙齿呈圆锥状，类似香蕉，具锯齿状边缘，前上颌骨牙齿较其他上颌牙齿更小，排列得更为紧密，横切面呈"D"形。颈部短而粗壮，呈"S"形弯曲。前肢非常细小，其上只有2根手指；后肢极长，其上具四个脚趾，最后一根脚趾很短，不能接触地面，而中间的脚趾较长。尾巴长而粗壮。

习性 **活动：** 双足行走，常集体活动，运动十分敏捷迅速，奔跑速度极快，是已知暴龙类恐龙中跑得第二快的物种；年轻时奔跑速度更快。**食性：** 肉食性，位于生态系统的食物链顶端，当时同地区的各种恐龙大都可以成为捕猎对象，但常以较大型的恐龙为食。**生活史：** 12岁时生长速度最快，14～16岁时达到性成熟，性成熟后死亡率极高。交配繁殖时，雄性通过喷出精液到雌性恐龙的泄殖腔进行繁殖，但它们是否会照顾后代，目前尚无明确证据。寿命最长为24岁。

不经常出现在大众文化中，只偶尔出现在一些纪录片或科普类节目中，如BBC纪录片《巨龙的奥秘》《自然传奇》等

科属：暴龙科，艾伯塔龙属 | 学名：Albertosaurus Osborn

物种 1884年，地质学家约瑟夫·蒂勒尔带领加拿大地质调查局考察队在加拿大阿尔伯塔省红鹿河边发现了第一块艾伯塔龙化石，包括大部分颅骨，由于当时条件限制，只保留下来一部分，后来该标本被定为正模标本，此后人们的研究主要集中在命名、分类上。1902年，美国自然历史博物馆的亨利·费尔德·奥斯本对阿尔伯塔龙进行了命名，以此纪念首块化石的发现地——阿尔伯塔省，并于1905年推翻了之前人们将它归为伤龙科的分类方式，将之建立为新属，即肉食艾伯塔龙属。20世纪初，人们将研究重点转向它的行为习性、生命历程等方面。据推测，阿尔伯塔龙可能具群猎习性，年轻者奔跑速度更快，猎食时常由年轻恐龙驱赶猎物至成年恐龙处，再由成年恐龙猎杀，目前尚无有力证据证明这一假说。

别名：艾伯塔龙、亚伯达龙、阿尔伯它龙 | 分布：加拿大阿尔伯塔省

双庙龙（Unknown）

生活年代： 距今约1亿年前的白垩纪早期

　　双庙龙曾生活在我国辽宁省北票市双庙村，后被我国科学家发现，为了纪念发现地被命名为"双庙龙"，它是鸭嘴龙科的近亲，身材和个头同鸭嘴龙差不多。

形态 双庙龙体型较大，体长可达8米，体重约2.5吨。头部较小，颈部微长，长度短于其他鸭嘴龙科；前肢几乎与后肢等长，较细弱，手掌具5根手指；后肢较粗壮，脚趾上没有锋利的爪。尾巴长而粗壮。

习性 **活动：** 可以二足行走，也可以四足行走，奔跑时速度极快，常采用二足方式，取食时常采用四足站立姿势。**食性：** 草食性，口内牙齿极多且更新较快，常用喙状嘴来咬断植物的细枝、树叶、果实及松针，放入后面成排的牙齿间咀嚼。**生活史：** 据推测，可能通过产卵方式进行繁殖；繁殖期，雄性可能通过喷出精液到雌性恐龙的泄殖腔进行繁殖。

在恐龙中比较有魅力，首先身材匀称，不像其他恐龙那样要么过于肥胖要么过于瘦长，其次面部表情比较温和，不像有些恐龙总是一副凶神恶煞的样子

科属：鸭嘴龙科，双庙龙属 ｜ 学名：Shuangmiaosaurus You et al.

物种 双庙龙化石最初发现于中国辽宁北票市的孙子家湾组，包括部分左前上颌骨、左上颌骨、泪骨与齿骨。2003年，尤海鲁等中国科学家对双庙龙模式种——吉氏双庙龙进行了叙述和命名，将双庙龙归为鸭嘴龙超科的基础物种，是鸭嘴龙科的近亲。2004年，剑桥大学的大卫·诺曼认为双庙龙是种基础禽龙类，但不属于鸭嘴龙超科。2010年，葛瑞格利·保罗研究了它的化石标本，估计其身长约7.5米，体重约2.5吨。

我国境内发现的众多恐龙中的一种。2012年，大连星海广场建成的远古生物化石博物馆里展出了恐龙、两栖动物、爬行动物等众多珍稀的中生代化石，其中，双庙龙化石是其中的展品之一，位于展览馆入口处，保存完整度超过70%，是世界上最完整的双庙龙化石

别名：不详 ｜ 分布：中国辽宁北票市

鹦鹉嘴龙 Parrot lizard

***生活年代：**距今约1.3亿～1亿年前的白垩纪早期*

鹦鹉嘴龙长得娇小可爱，粗粗的脖骨和宽大的头骨对于小身材来说异常醒目，与短小精悍的躯干形成鲜明的对比。它浑身上下最特别之处是嘴，看上去弯弯的，像鹦鹉嘴一样。人们根据这一特点，将它命名为"鹦鹉嘴龙"。它非常"有爱心"，在对后代的抚育上，每次出行身边都会跟着一群小鹦鹉嘴龙，可能是在亲自教授后代如何捕食并躲避敌人的猎食吧！

形态 鹦鹉嘴龙体型较小，体长1～2米。头短宽而高，颧骨较高向两侧突出；吻部有些弯曲，形状与鹦鹉类似，外包一层角质喙，外鼻孔较小；牙齿呈三叶状，根部较长，但牙冠较低矮，牙齿边缘较光滑，上颌和下颌上各有7～9个牙齿。颈部短小，有6～9个颈椎；前肢比后肢略短，其长度仅为后肢的58%；前足有四块腕骨，第四指退化，第五指消失，后足仅第四趾退化。

习性 **活动**：采用二足行走方式进行活动，身体十分敏捷，活动较为迅速，无论白天或黑夜十分活跃，只短暂休息。**食性**：草食性，常以水边柔嫩多汁的植物为食，用坚固的角质喙把娇嫩植物割断，再用单列牙进行简单咀嚼然后吞食。**生活史**：通过产卵方式进行繁殖，性成熟较早；交配时，雄性通过喷出精液到雌性恐龙的泄殖腔进行繁殖；成年恐龙常共同孵化恐龙蛋和共同抚育幼仔，直到它们可独立离巢活动。

学名意为"鹦鹉蜥蜴"，二足、草食性，特征是上颚高而强壮的喙状嘴

尾巴与下背部有鬃毛状的结构

科属：鹦鹉嘴龙科，鹦鹉嘴龙属 | 学名：Psittacosaurus Osborn

物种 1923年，古生物学家兼美国自然历史博物馆馆长亨利·费尔德·奥斯本对鹦鹉嘴龙进行命名。之后，在亚洲的中国、蒙古、泰国等地发现了超过400块它的化石，其中超过75个属于模式种蒙古鹦鹉嘴龙，这些标本使科学家很好地研究它的形态及生理特征、生长模式、社会行为和分类等，目前已有超过12个种归类于鹦鹉嘴龙，9～11个种是有效种。鹦鹉嘴龙是目前已知的恐龙中，拥有最多有效种的单一属。

经常出现在青少年科普文学作品和一些相关影视作品中，它的形象还经常被雕刻成艺术品供人们欣赏，它的化石更被视为珍宝

别名：鹦鹉龙 | 分布：泰国、俄罗斯及中国北部

肿头龙 Thick-headed lizard

生活年代： *距今约7000万～6600万年前的白垩纪早期*

　　肿头龙的长相十分丑陋，有皮球一样的大脑袋，头顶覆盖着一块厚达23米的骨板，头顶看上去像被剃秃了一样，在"平滑的小山丘"周围还围了一圈疙疙瘩瘩的隆起线。它的鼻子上也长了一些骨质小瘤，整个脑袋看上去就像长满了不规则的刺一样，丑陋至极。

形态 肿头龙体型较小，体长约4.5米，体重约450千克。头颅由厚达23厘米的骨板覆盖，头的周围和鼻子尖上都长满了骨质小瘤，有的个体头后方有一些钉状突起，长约13厘米。牙齿小而锐利，牙冠呈叶状。颈部短而粗壮，呈"S"形或"U"形。前肢短，后肢长。身躯不太大。坚硬的骨质尾巴长而厚重。

习性 **活动：** 采用二足行走方式进行活动，身体十分敏捷，活动较为迅速，喜欢群集活动。**食性：** 食性尚存在争议。有科学家推测，它们小而锐利的牙齿可有效地磨碎坚硬、纤维构成的植物，常以树叶、种子、水果以及昆虫等混合食物为食。**生活史：** 通过产卵方式进行繁殖。繁殖期，成年雄性个体通过撞头方式决出胜负，胜者与雌性个体交配。交配时，雄性通过喷出精液到雌性恐龙的泄殖腔而使雌性受精，但是否照顾孵出的幼仔，目前尚无明确的研究结果。

被人们评为世界上"最丑陋的恐龙"，经常出现在一些青少年科普文学作品和一些相关影视作品中，如曾出现在动漫《恐龙世界总动员》中

科属：肿头龙科，肿头龙属　｜　学名：Pachycephalosaurus Gilmore

物种 1859年，费迪南德·范迪威尔·海登在北美洲西部的密西西比河源头附近发现了一个破碎的化石。1872年，约瑟夫·莱迪提出这个标本背部披有鳞甲，应属于某种爬行动物。直到一个世纪后，唐诺·贝尔德重新研究了这块化石，发现它的头后方具有一些骨质瘤，提出它应该属于厚头龙，贝尔德申请使用厚头龙这个名称，并申请成功。2006年，罗伯特·苏利文提出这个标本更类似龙王龙，而非厚头龙。2007年，蒙大拿州立大学的杰克·霍纳等人研究了唯一的龙王龙标本，并提出龙王龙其实是厚头龙的幼年个体。近期，俄罗斯与德国古生物学家在跨吉尔吉斯斯坦、乌兹别克斯坦与塔吉克斯坦等国的费尔干纳盆地的中侏罗世地层发现了一具恐龙化石，经初步研究，断定这具化石是肿头龙类恐龙的一种，且是肿头龙类中最古老的品种，把肿头龙类生存史扩充了1000万～2000万年。

别名：厚头龙 | 分布：美国蒙大拿州、南达科他州、怀俄明州

楯甲龙 Lizard shield

生活年代：距今约1亿1000万年前的白垩纪早期

　　楯甲龙是一种性情温和的草食性恐龙，体形较大，可能不善于奔跑。不过，它穿了一身轻型"铠甲"，即锯齿形的背脊和刀片状的骨突。当它遇到天敌袭击时，会立即蜷起身体，使骨甲朝外，像棱背龙一样，形成一个刺球，刺得敌人落荒而逃，再也不敢来进犯。

形态　楯甲龙体型中等，身长约5米，从头颅到尾尖具有一列锯齿状的背脊。头顶厚而平坦，颅骨呈三角形，眼睛后面最宽处可达35厘米；口鼻部后段较宽，但向前逐渐变尖，上下颌骨上的牙齿呈叶状。由于前肢较短、后肢较长，所以背部呈弓形，身体最高处位于臀部。尾巴相当长，由超过40个尾椎构成，长度约为身体长度的一半。

习性　**活动**：四足行走，前肢较短，后肢较长，行动时后肢脚步会受到前肢的限制，速度十分缓慢，常成群地聚集在江、河、湖、海附近。**食性**：植食性，常以较低矮的植物为食，如针叶树和苏铁科植物等。**生活史**：同其他恐龙一样，通过产卵方式繁殖；交配时，雄性通过喷出精液到雌性恐龙的泄殖腔而使雌性受精，但是否会哺育后代，目前尚无明确证据。

科属：结节龙科，蜥结龙属　|　学名：Sauropelta Ostrom

物种 19世纪30年代早期，著名古生物学家巴纳姆·布郎在蒙大拿州比格霍恩县的Cloverly组发现了蜥结龙的正模标本（标本编号AMNH 3032），是一个部分骨骸，随后还发现了另外两个蜥结龙的标本（标本编号AMNH 3035、AMNH3036）。后者是目前保存状态最好的结节龙科化石，包含了许多保持原位的鳞甲，目前保存在纽约市美国自然历史博物馆；编号AMNH 3035的标本包含了颈部装甲与大部分头颅骨，但缺乏口鼻部末端。19世纪60年代，耶鲁

很少出现在大众文化之中，只偶尔现身于一些科普类图书或影视作品中，曾出现在IOS开发的游戏《夺命侏罗纪》中

大学皮巴第自然历史博物馆的约翰·奥斯特伦姆团队在Cloverly发现了一个不完整蜥结龙化石，1970年建立了新属，即蜥结龙属。1999年，肯尼思·卡彭特与同事叙述了一个大型结节龙科化石，发现于犹他州的雪松山脉组，该地层与Cloverly地层属于同一时期。这些化石的发现，使科学家们弄清楚了它们的亲缘关系及分类，更加明确了楯甲龙的形态特征、生理习性和社会行为等的信息。

别名： 蜥肋蜥、蜥结龙 | **分布：** 美国蒙大拿州、怀俄明州

似鹈鹕龙 Pelican mimic

生活年代： *距今约1亿3000万年前的白垩纪早期*

似鹈鹕龙体型娇小，身上覆盖着一些色彩艳丽的羽毛，看上去十分漂亮。生活在那个弱肉强食的险恶白垩纪的似鹈鹕龙非常可怜，它没有强健的体魄，也没有制敌的利器，常是一些大型食肉恐龙的捕食对象。

形态 似鹈鹕龙体型较小，体长2～2.5米。头颅骨长而狭窄，长度可达身高的4.5倍；牙齿众多，拥有大约220颗非常小型的牙齿，上颌牙齿略大于下颌牙齿，其中7颗位于前上颌骨，约30颗位于上颌骨，75颗位于齿骨，牙齿属于异型齿，上颌前段的牙齿较为宽广，横剖面呈现"D"形，后段的牙齿呈刀状，齿冠与齿根之间的距离十分狭窄。颈部细长，前肢尚未完全进化为翅膀。

习性 **活动：** 二足行走，在地面上活动时，可以快速地奔跑。**食性：** 肉食性，细小的牙齿可以捕食地面上的昆虫、小型无脊椎生物及小型脊椎生物。**生活史：** 同其他恐龙一样，通过产卵方式繁殖；交配时，雄性通过喷出精液到雌性恐龙的泄殖腔使雌性受精。对于它是否像现代鹈鹕一样，具有哺育后代的行为，目前尚无明确证据。

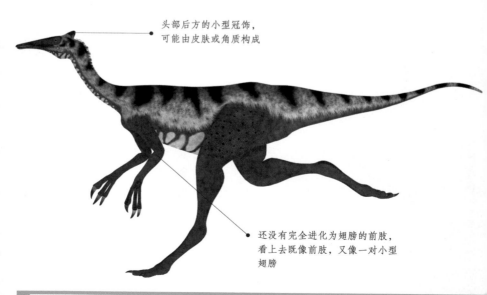

头部后方的小型冠饰，可能由皮肤或角质构成

还没有完全进化为翅膀的前肢，看上去既像前肢，又像一对小型翅膀

科属：始祖鸟科，似鹈鹕龙属 | 学名：Pelecanimimus Perez-Moreno et al.

物种 1993年7月，Armando Díaz Romeral在Las Hoyas地层中发现了似鹈鹕龙的第一块化石，是目前为止唯一一块似鹈鹕龙化石，包括骨骸前半部、头颅骨、全部颈椎、大部分背部脊椎、肋骨、胸骨、肩带、完整右前肢以及大部分左后肢；1994年，多名科学家对它进行了命名。后来的研究发现，在La Hoyas地层发现的似鹈鹕龙化石保存了软组织压痕和一个喉囊——类似现代鹈鹕的较大型颊囊，软组织痕迹表明它们拥有平滑的、类似皮肤的表面，起初被解释成缺乏羽毛的装饰物，后来研究显示它们应拥有次真皮的肌肉组织而非仅是皮肤。研究发现，似鹈鹕龙是似鸟龙类第一种拥有舌骨的物种；克维奇等人2005年的研究显示，似鹈鹕龙是似鸟龙下目中最基础的成员，比似鸟身女妖龙还要原始，其发现对于了解似鸟龙下目的演化发展具有重要意义。

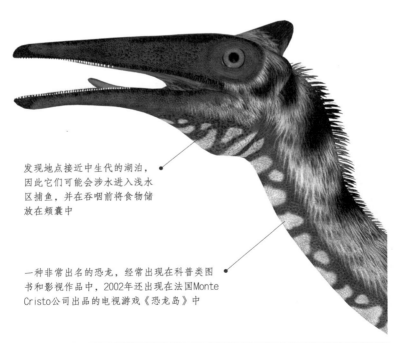

发现地点接近中生代的湖泊，因此它们可能会涉水进入浅水区捕鱼，并在吞咽前将食物储放在颊囊中

一种非常出名的恐龙，经常出现在科普类图书和影视作品中，2002年还出现在法国Monte Cristo公司出品的电视游戏《恐龙岛》中

别名：不详 | 分布：西班牙

145

古魔翼龙 Old devil

生活年代： 距今约1亿1700万~1亿1600万年前白垩纪早期阿普第阶

古魔翼龙是一种会飞的小型恐龙，躯体和四肢都非常小，看上去像一种只有一对翅膀的奇怪生物。它长长的脑袋上长着一个长长的大嘴，可能比较"挑食"，科学家目前只发现它以鱼类为食。它虽然会飞，但飞行本领却不很高超，不能做远距离飞行，只能借助气流做近距离滑翔。

形态 古魔翼龙体型较小，身长约1.8米，体重约20千克，身体表面可能覆盖有一层羽毛；翼展4~5米，雌性的翼展略小于雄性。头部窄而狭长，上颌前部有较小的圆形冠饰；喙很长，牙齿呈锥形。颈部较短，喉颈部有皮囊，躯干很小。后肢几乎退化，几乎没有尾巴。

习性 **活动**：可以飞行，但不能长时间地振翅飞行，只能借助气流滑行，也可以收拢翅肢在地面作短距离爬行，但对于它在地面移动时是采取四足方式还是二足方式，目前尚无明确结论。**食性**：肉食性，目前对它的取食范围研究还不明确，已知它以鱼类为食。**生活史**：同其他恐龙一样，通过产卵方式繁殖；繁殖期，雄性通过上颌前部的冠饰来吸引雌性交配；交配时，雄性通过喷出精液到雌性恐龙的泄殖腔而使雌性受精。

科属：鸟掌翼龙科，古魔翼龙属　｜　学名：Anhanguera de Bartolomeu Bueno da Silva

物种 目前对古魔翼龙的发现和研究都较少，它的第一块化石在巴西境内桑塔那组地层发现，由印第安探险家以它的发现地，即巴西的Anhanguera镇进行命名。目前已经发现了古魔翼龙的数个有效种，如发现于巴西桑塔那组地层的比氏古魔翼龙等；另外，人们在英国年代稍晚的阿尔比阶也发现了数个零碎化石，包含了几个头颅骨，起初都被归类于翼手龙属，之后被归类于鸟掌翼龙；后来在澳大利亚昆士兰也发现了几个翼龙类化石碎片，可能被归类于了古魔翼龙。2003年，研究发现它具有类似人类的内耳结构，有助于平衡感，使头部可以保持在水平状态。

喙状嘴里有许多细小的牙齿

很少出现在大众文化中，偶尔出现在一些科普图书和影视作品中。它奇特、小巧的外形常是小朋友喜爱的对象，常被做成仿真玩具模型

别名：不详 | 分布：巴西

克柔龙 Lizard of Kronos

生活年代：*距今约1亿2000万年前的白垩纪早期*

克柔龙的长相极其恐怖，在它生活年代的海洋世界中，称得上"称霸群雄"。它长了一张巨大的嘴，长度几乎和头一样长，嘴内还长满了又长又尖的牙齿，让人看了不寒而栗。它不仅长得吓人，实际上也是一种"冷血无情"的动物，不仅会残忍地猎杀海洋中的其他生物，在饥饿时甚至还会吞食自己的幼仔。

明显特征是短而粗厚的颈部

以希腊神话中泰坦巨神中的克罗诺斯为名

形态 克柔龙体型较大，身体极其僵硬，体长9~10米，体重约11吨。头部延长，头顶上长有一对鼻孔；嘴很长，长度几乎与头部相等，口内有很多又尖又长的牙齿，呈锥形，其中最小的牙齿约7厘米，最大的牙齿约30厘米。颈部较短，由12块颈骨组成。前肢退化为鳍脚，鳍脚十分宽大，呈桨状。尾部较长，十分粗壮。

习性 **活动**：鳍脚扁平宽大，可在水中快速游动，方向感极好；不仅会游泳，还能潜水，甚至做一些更复杂的水中运动。**食性**：肉食性，常以各种鱼类、软体动物及一些海底贝类为食，如鱿鱼、菊石、箭石等。**生活史**：目前的研究结果表明，克柔龙可能同蛇颈龙一样，卵胎生繁殖，繁殖期雌雄个体会共同游到岸边交配，雌性个体每次只能孕育一个后代，怀孕期较长；交配结束后，雌雄个体又回到水中，雌性个体在水中生产，产下的幼仔体型较大，一段时间后可以独立活动。

科属：上龙科，克柔龙属 | 学名：Kronosaurus Longman

物种 1899年，安德鲁在昆士兰发现了第一块克柔龙化石，它是一些骨骼碎片和6个锥形牙齿。1924年，Heber Longman对这块化石进行了正式命名和描述，将它确定为克柔龙的模式种，目前该化石保存于昆士兰博物馆。克柔龙的第二个种波亚卡克柔龙，1977年在哥伦比亚发现，化石较为完整，是目前在哥伦比亚发现的保存得最为完好的克柔龙化石，1992年由Oliver Hampe进行正式叙述和命名。2015年4月下旬，澳大利亚一位农民罗伯特·哈康在清理农场时发现了一块克柔龙化石，长达1.6米，研究发现这块是克柔龙的颚骨，来自于一个未成年个体，是目前世界上保存最完整的颚骨化石。后来，哈康将这块化石捐赠给克柔龙博物馆，供科学研究。

并不经常出现在大众视野中，偶尔出现在一些恐龙科普类图书或影视作品中，但它在IOS开发的游戏《侏罗纪世界》中却是一种十分厉害的角色

别名：长头龙、克诺龙 ｜ 分布：澳大利亚、希腊、哥伦比亚

克柔龙

帝龙 Earth dragon

生活年代： *距今约为1亿3000万年前的白垩纪早期*

帝龙，学名"Dilong"，是中国的汉语拼音，意为"恐龙之皇帝"，乍一听是个很霸气的名字，很多人可能都会以为它一定体型巨大，相貌凶煞，常可以不费吹灰之力就将敌人置之死地，但其实不然，它的体型非常小，最长的个体通常不超过2米，而且它在捕食方面，也不能算是狩猎能手，只能捕食一些小型生物。

形态 目前对帝龙体型的研究还不十分完善，它体型较小，体长不超过1.5米，少数个体能达到2米，周身覆有羽毛；头骨骨骼相当薄，下颌和尾巴尖端周边有纤维构造物，尾骨上的羽毛较长，长约2厘米，并且可以向30°~40°的方向展开。

习性 **活动**：帝龙虽有羽毛，但没有中心羽轴，所以不能飞行，只在陆地上行走，为二足行走恐龙。**食性**：肉食性，常以陆地上行走的小型动物和水中的鱼类为食。**生活史**：目前研究结果表明，雄性可能通过喷出精液到雌性恐龙的泄殖腔进行繁殖。幼年的帝龙身上可能长有羽毛，长大之后羽毛部分脱落。

一种小型、具有羽毛的暴龙超科恐龙，有着简易的原始羽毛，这些羽毛缺少中央羽轴，用作保暖而不是飞行，有可能成长后会脱落

科属：暴龙超科，帝龙属　|　学名：Dilong ivpp.

物种 中国科学院古脊椎所的徐星研究员等古生物学家在中国辽宁省北票市陆家屯发现了距今1.39亿～1.28亿年早白垩纪的早期霸王龙类骨骼化石，并将它命名为"dilong"。帝龙被发现时，被认为是最原始、年代最早的暴龙超科，但2007年，艾伦·特纳等人重新研究虚骨龙类各支系的演化关系，提出帝龙不属于暴龙超科，它比虚骨龙更衍化，但比美颌龙科原始；2010年，汤玛斯·卡尔、汤玛斯·威廉森在命名"Bistahieversor"时，将帝龙重新归类于暴龙超科，而非更衍化的虚骨龙类演化支，目前国际上还是采用这种分类方式，但有关帝龙的更多科研数据还需要进一步研究。

在中国本土发现的物种，但我们对它的研究并不是很多，而且，它也很少出现在大众视野中，只会偶尔出现在一些科普探索类的电视节目中

别名：不详 | 分布：中国辽宁省北票市陆家屯

153

犹他盗龙 Utah's predator

生活年代： 距今约为1亿3000万年前的白垩纪早期上巴列姆阶

　　犹他盗龙是驰龙科最大型的物种，不仅体型较大，智商也相当高。人们通过对其化石进行脑部CT扫描发现，以犹他盗龙为首的恐龙大脑膨胀程度较大，证明它们不仅智商较高，且有一定的解决事情的能力，遇到凶险情况时，总可以反应得很迅速，使自己化险为夷。

`形态` 目前对犹他盗龙体型的研究还不十分完善。据推测，它身长约7米，身高2米，体重达600千克，是盗龙类中最大的成员，周身覆有羽毛；身材短小；后肢较前肢粗壮，第二只脚趾上的爪非常长，最长可达24厘米，尾部极长，可达身体的1.5倍。

`习性` **活动**：运动起来具有很强的灵活性，速度可达50千米/小时，在中型肉食性恐龙算是很快的，它还可以在空中做出改变方向的动作。**食性**：肉食性，常在辽阔的平原成群捕食，以陆地上行走的小型动物和水中鱼类为食，嘴里有2排剃刀状牙齿，每颗约2英寸长，具有很强的咬力。**生活史**：目前的研究结果表明，雄性可能通过喷出精液到雌性恐龙的泄殖腔进行繁殖，在雌性产下恐龙蛋后，常趴在蛋上孵化自己产的卵。

经常出现在大众文化中，如曾出现在BBC的电视节目《与恐龙共舞》《与恐龙共舞：现场体验》中，该节目简述了犹他盗龙的数项身体特征；2011年的《恐龙革命》也对犹他盗龙进行了精确的简述；它还出现在一些文学作品和漫画作品中，如罗伯特·巴克的小说《Raptor Red》，以及从2003年起就开始连载的网络数格漫画《Dinosaur Comics》

科属：驰龙科，犹他盗龙属 ｜ 学名：Utahraptor Burge

物种 1975年，詹姆斯·詹森于犹他州东部格兰德县的摩押市发现了犹他盗龙的第一个化石，当时没有吸引太多注意；1991年，又在当地发现了一个大型脚趾爪，于是詹姆士·柯克兰、罗伯特·加斯顿以及唐诺·伯格便前往犹他州格兰德县进行挖掘活动，结果发现许多新化石；1993年，詹姆士·柯克兰等人对这些化石进行了描述并命名，模式种是奥斯特罗姆氏犹他盗龙，也是犹他盗龙已知的唯一种。后期科研工作者主要研究了它的形态特征和衍化过程，目前没有直接或者间接证据证明犹他盗龙有羽毛，但根据种系发生学，显示驰龙科可能都具有羽毛，而且研究人员认为，驰龙科不太可能分批、多次演化出羽毛。另一种观点认为后期、更衍化的驰龙类在演化过程中，逐渐失去羽毛，但在找到其他证据以前，还无法确定犹他盗龙具有羽毛或缺乏羽毛。

别名：犹他龙 | 分布：北美地区

恐爪龙 Terrible claw lizard

生活年代： *距今1亿1500万～1亿800万年前的白垩纪的阿普第阶至阿尔布阶*

恐爪龙中等身材，最重要的特征是后肢的第二趾上有非常大且呈镰刀状的趾爪，这是它御敌和捕食的重要工具，当看见自己心仪的猎物时，会用这个趾爪精确有力地刺向猎物，然后把手下败将作为美食饱餐一顿。

形态 恐爪龙的体长可达3.4米，体重可达73千克；头部较为立体，头颅骨最大可达41厘米长，眶前孔特别大，颧骨宽广，口鼻部较狭窄，颌部较强壮，上腭部呈拱形，有约60根弯曲、刀刃形的牙齿；臀部高度为0.87米；手掌很大，有三根手指，第一指最短，第二指最长；后肢的第二趾有镰刀状的趾爪，长度约13厘米；尾巴弯曲，呈"S"形。

习性 **活动：** 恐爪龙在行走时会将较长的第二趾缩起，仅使用第三、第四趾行走，行走时速度约10.1千米/小时，不会快速地奔跑。**食性：** 肉食性，常在辽阔的平原成群捕食，以陆地上行走的小到中型恐龙为食，如较小型的科莫多龙、腱龙等。**生活史：** 目前研究结果表明，雄性可能通过喷出精液到雌性恐龙的泄殖腔进行繁殖，在雌性产下恐龙蛋后，常趴在蛋上孵化自己产的卵。幼年个体的前肢较成年个体长。

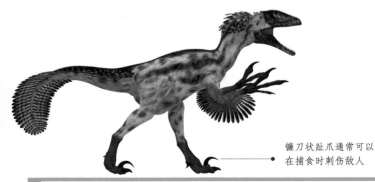

镰刀状趾爪通常可以
在捕食时刺伤敌人

科属：驰龙科，恐爪龙属 | 学名：Deinonychus Ostrom

物种 1931年，巴纳姆·布郎率领的队伍在蒙大拿州南部的Cloverly组发现了恐爪龙的第一副化石，在交予美国自然历史博物馆的报告中，指出发现了一种小型肉食性恐龙，非正式地将之命名为"Daptosaurus"。约30年后，从1964年8月开始，古生物学家约翰·奥斯特伦姆率领耶鲁大学皮博迪自然史博物馆的挖掘团队，在其后两年内发现了超过1000个骨头，经证实，这些骨头至少来自于三个个体，因为很难判断这些化石的正确位置，所以恐爪龙的正模标本（编号YPM5205）只限于完整的左足部与部分的右足部，但都确定属于同一个体。在接下来几年，奥斯特伦姆及格兰特·迈耶都在研究这些新发现的化石以及为布朗所命名的"Daptosaurus"化石，发现它们是同种生物，进行了命名；之后的研究主要集中在恐爪龙的形态差异、生长模式、生理特征、猎食模式、四肢功能、生活环境、繁殖特征等方面，且研究成果较为丰硕，但其实这些研究结果都是处于不断的质疑、证实和补充当中，所以还需要更多的证据来不断地完善现今所得出的结论。

经常出现在大众文化中，比如曾经出现在科普影视作品《科学世界·史前恐龙》和青少年文学作品《追踪恐龙·恐爪龙》中。不仅如此，美国自然历史博物馆和哈佛大学比较动物博物馆也展出它的比较完整的标本

别名：犹他龙　|　分布：美国蒙大拿州、怀俄明州等地

157

北票龙 Beipiao lizard

生活年代： *距今约1.25亿年前白垩世早期*

北票龙长得娇小美丽，不像其他恐龙那样五大三粗，常是那些大型凶猛恐龙的捕食对象。由于它最初发现于辽宁的北票，所以被命名为"北票龙"。

形态 北票龙体型较小，体长2.2米，重量约85千克，身上覆有类似绒羽的羽毛。头较大，喙较短，喙上没有牙齿，但有颊齿。颈部细长，每个后肢上都有3根脚趾；尾部较长，由5节椎骨构成。研究发现，北票龙除了有类似绒羽的羽毛，还有第二种形态的羽毛，宽且长、结构简单、无分支，长度10~15厘米。

习性 **活动：** 后肢行走，为二足恐龙，行走速度并不很快，可以爬行，前肢主要用来取食，身上虽有羽毛但不能飞行。**食性：** 草食性，常以生活在同时代的低矮蕨类植物为食。**生活史：** 目前的研究结果表明，雄性可能通过喷出精液到雌性恐龙的泄殖腔进行繁殖，繁殖期雄性身上的羽毛可能具有吸引雌性配偶的作用。

身上覆有十分美丽的羽毛，中看不用，仅起到保温作用而不能使它们飞行，这样就只能在地面上缓慢地移动

长羽毛的草食恐龙，羽毛较长，且垂直于手臂

科属：镰刀龙超科，北票龙属 | 学名：Beipiaosaurus Xu,Tang & Wang

物种 1969年，美国科学家贝克提出小型食肉类恐龙可能是温血动物，推论小型食肉类恐龙可能像温血动物一样是长毛的，但这一推论没有得到化石证据的支持。1996年，中华龙鸟化石的发现第一次揭示出有的小型食肉类恐龙不同于其他长有鳞片的爬行动物，的确体披毛状皮肤衍生物，引起了世界各国科学家的巨大兴趣，也引发了巨大的争议。1999年5月，徐星、唐治路和汪筱林在《自然》杂志上报道了发现于辽西的一种重要的兽脚类恐龙——北票龙。同年，科学家在意外北票龙化石中发现了毛状皮肤衍生物，再次证实绝不是所有小型食肉类恐龙都像人们传统上认为的那样身披鳞片，更为重要的是，意外北票龙长有和中华龙鸟一样的细丝状皮肤衍生物，即原始羽毛。这种羽毛是一种皮肤衍生物，与其他脊椎动物的皮肤衍生物相比，结构非常复杂，但有关它的起源一直是古生物研究领域的一个不解之谜，尚需更多的证据考证。

标本虽然最早发现于我国的辽宁，但我们对它并不熟悉。它很少出现在大众文化中，目前被收藏在辽宁古生物博物馆当中并展览

别名：不详 ┃ 分布：中国辽宁北票

沉龙 Heavy lizard

生活年代： *距今约1亿2100万～1亿1200万年前白垩纪早期阿普第阶*

　　沉龙，如名称一样，非常沉稳，四肢非常短，重心很低，身材优势在御敌时会表现得淋漓尽致。受到敌人攻击时，它可快速旋转对敌人造成猛烈的撞击，再用利爪猛地刺向敌人，使其毫无还击之力。

形态 沉龙体型很大，身长约9米，体重约6吨。颈部非常长，约1.6米；四肢短而粗壮，拇指上有大型指爪；腹部离地约0.71米。与其他鸟脚类恐龙相比，尾巴也相对较短。

习性 活动： 常用两足行走，为二足恐龙，行动十分缓慢，遭受攻击时不可能快速奔跑逃离掠食者，但身体很低，造成低重心，可快速旋转来抵御掠食者，并用拇指指爪攻击掠食者的颈部或侧面。**食性：** 草食性，常以低矮植物为食，取食时一边抓取食物一边咀嚼。**生活史：** 目前的研究结果表明，雄性可能通过喷出精液到雌性恐龙的泄殖腔进行繁殖，更多的考古证据有待进一步发掘、考证。

拇指指爪可用来防御 ●

学名意为"沉重的蜥蜴"，是鸟脚下目恐龙的一属，拇趾上有针状指爪 ●

科属：鸭嘴龙超科，沉龙属　|　学名：Lurdusaurus Taquet & Russell

物种 目前发现的沉龙标本并不很多。1965年，Philippe Taquet在尼日尔Elrhaz地层发现了第一个标本（标本编号GDF 1700），包括来自于同一个个体的部分不完整骨骼碎片，但并没有受到重视。1988年，古生物学家Souad Chabli对它进行了描述，并命名为"Gravisaurus tenerensis"，但该名称并没在有效刊物上发表，属无效名称。1999年，Taquet和Dale Russell将它命名为"Lurdusaurus arenatus"。之后，对沉龙的研究一直很少，尚需发掘更多化石，以进行相关研究。

并不经常出现在大众视野中，目前对它的研究相对较少，但它偶尔会出现在一些青少年科普作品中，形象也经常出现在一些网络游戏当中

别名：不详　|　分布：尼日尔

腱龙 Sinew lizard

生活年代： 距今约1亿2500万～1亿500万年前白垩纪早期到中期（阿普第阶到阿尔比阶）

腱龙是恐龙界"性格温顺"的典型代表，它硕大魁梧的体型，是用来吓唬敌人的。它常缺乏自卫能力，即使比它体型小很多的恐龙也经常欺负它，直到把它惹怒，它才会用强壮的脚或像鞭子一样又粗又长的尾巴去回击敌人，它很少对其他动物主动发起进攻。

形态 腱龙体型属于中到大型，体长6.5～8米，高约3米，体重1～2吨，背部长有坚硬结实的网格状肌腱。头部较小，嘴部如鸭嘴一样扁平，口鼻部较长，脖子较短；前臂较粗壮，每个手掌具四根手指；与前肢相比后肢更为结实粗壮。脚掌较小，每个脚掌有三个脚趾。尾部宽厚，极长，像一根长长的鞭子。

习性 **活动：** 腱龙常四足行走，行动十分笨拙，受到敌人进攻时可以用有力的脚去踢打敌人，也可以用粗壮的尾巴攻击敌人，却缺乏自卫能力，经常受到比它小很多的恐龙的攻击。**食性：** 草食性，取食范围为距离地面3～9米的植物，常以蕨类植物的枝叶、苏铁植物、原始开花植物、裸子植物、松柏科植物、银杏等为食。**生活史：** 通过髓质组织进行繁殖，这种髓质组织只存在于鸟类身上，是钙质的来源，可在产卵期制造蛋壳，在体型还没有达到最大时就开始繁殖，对于幼年的腱龙，目前研究发现了股骨化石。寿命约8年，通常在还没有长到成熟时就已结束了自己的一生。

科属：禽龙科，腱龙属 ｜ 学名：Tenontosaurus Ostrom

物种 1903年，由美国自然历史博物馆的探险队在蒙大拿州的比格霍思首次发现了腱龙化石，19世纪30年代又在同一地点发现了18个化石样本，40年代发现了4处，但那时并没有对它进行明确描述和命名，只是简单地称为"Tenantosaurus"和"sinew lizard"；直到19世纪60年代，耶鲁大学的John Ostrom又对蒙大拿州和怀俄明州的比格霍思进行了长期和进一步开采，发现了40个化石样本，经过研究正式命名为"Tenontosaurus"；19世纪70年代，又在其他的地层范围发现了腱龙的化石，如南俄克拉荷马州的鹿角组地层、得克萨斯州的帕拉克西龙组地层、爱达荷的韦恩组地层等，为对腱龙的进一步研究奠定了基础。

性情温顺的恐龙代表，化石目前保存于美国自然历史博物馆，它的形象经常出现在多种文学作品和影视作品中，如《侏罗纪格斗俱乐部》和《恐龙世界》等

别名：泰南吐龙、泰氏龙 | 分布：北美洲西部

163

棘龙 Spine lizard

生活年代： 距今1亿1200万～9700万年前的白垩纪中期

棘龙最大的特点是背部由脊椎骨神经棘延长而成的长棘，十分高大，看上去像一个巨大半月形帆状物。长棘功能多，不仅能调节体温，储存脂肪能量，散发热量，还使棘龙看上去像一个十分凶猛的庞然大物，可以不费吹灰之力地把敌人吓得不敢靠近半步。人们根据这一特点，将它命名为"棘龙"。

形态 棘龙是最大的兽脚类肉食恐龙，体长约15米，体重5.9～6.6吨，背部有明显的由脊椎骨的神经棘延长而成的长棘，形成一个巨大的帆状物，高度可达1.65米。颅骨长约1.75米，和其他棘龙科恐龙一样，口鼻部狭窄，前端略为膨大；口内布满笔直的圆锥状牙齿，牙齿无锯齿边缘，齿冠长度最长达12.5厘米，牙齿平均长度8～15厘米。

习性 **活动：** 最初发现时被认为是二足恐龙，常用二足行走，直到20世纪70年代中期，各种证据显示，它偶尔也用四足行走，至少在休息时保持四足着地姿态；另外，它还可以在水中游泳。**食性：** 肉食性，以中小型猎物为食，既可以捕食陆地上的生物，如豪勇龙，也可以水中鱼类为食。**生活史：** 据推测，雄性与雌性拥有不同大小的神经棘，这些帆状物可能拥有耀眼的颜色，在繁殖期常作为吸引异性的展示物，目前尚没有证据证实这一假设。

背部有明显的长棘，由脊椎骨的神经棘延长而成，高度可达1.65米，长棘之间推断生前有皮肤连接，形成一个巨大帆状物

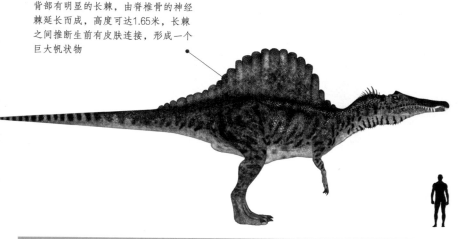

科属：棘龙科，棘龙属 ｜ 学名：Spinosaurus Spinosaurus

物种 1912年，在埃及西部的拜哈里耶绿洲发现了棘龙的第一个化石，由德国古生物学家恩斯特·斯特莫尔于1915年命名为模式种埃及棘龙。之后，在同一地点发现了其他化石碎片。1944年，存放这两块化石的慕尼黑博物馆被炸毁，化石随之被毁，但恩斯特·斯特莫尔当年已经做出详细的标本素描图。之后，在摩洛哥卡玛地层、阿尔及利亚等地发现了许多棘龙化石；2014年，一副新的高完整度棘龙化石在摩洛哥境内撒哈拉沙漠被挖掘出土，经研究发现，棘龙具有像划桨一般平整的脚和如同鳄鱼般的鼻孔，证实了研究人员长期以来的假设：棘龙不仅是已知最大的肉食性恐龙之一，还是最早会游泳的恐龙。

出现在一些恐龙科普类图书中，也出现在一些影视作品中，如《侏罗纪公园3》《侏罗纪世界》《远古巨兽大复活》《恐龙星球》等

别名： 棘背龙 | **分布：** 摩洛哥、阿尔及利亚、利比亚、埃及、突尼斯等

棘龙

三角洲奔龙 Elta runner

生活年代：距今约9900万～9300万年前的白垩纪中期到白垩纪晚期

　　三角洲奔龙最引人注目的是细长的四肢，看起来很细，但十分强健有力，所以它是一种行动迅速、身手敏捷的掠食者。学名"Deltadromeus"，意即"三角洲奔跑者"，可见人们对它奔跑速度的认同。

形态 三角洲奔龙体型较大，体长平均8米，最长约13.3米，体重约7.5吨。头骨巨大，牙齿尖利。四肢很长，大腿骨长0.74～1.22米，但其他更多相关证据有待进一步发掘。

习性 **活动**：活动敏捷迅速，擅长高速奔跑，推断速度最快可达45千米/小时。**食性**：肉食性，常以生活在同时代的大中型蜥脚类恐龙为食。**生活史**：据推测，雄性可能通过喷出精液到雌性恐龙的泄殖腔进行繁殖。

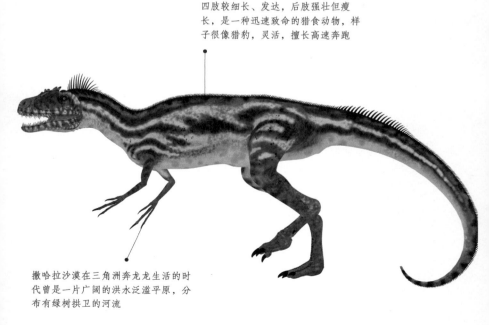

四肢较细长、发达，后肢强壮但瘦长，是一种迅速致命的猎食动物，样子很像猎豹，灵活，擅长高速奔跑

撒哈拉沙漠在三角洲奔龙生活的时代曾是一片广阔的洪水泛滥平原，分布有绿树拱卫的河流

科属：西北阿根廷龙科，三角洲奔龙属 | 学名：Deltadromeus Sereno et al.

物种 1995年，古生物学家Gabrielle Lyon在摩洛哥南部撒哈拉沙漠地区考察时，发现了三角洲奔龙的第一具化石，1996年古生物学家Paul Sereno命名此化石并描述。它的骨骼化石与较大型的鲨齿龙一同被发现，较为完整的正模标本体长约8.1米，重2.1吨；另一个标本极大，不完整，估计体长可达13.3米，重7.5吨。研究发现，它与棘龙、巴哈利亚龙、索伦龙、斯基玛萨龙生活于同一地区的同一时代，腿部十分长，非常善于奔跑，目前对它的分科还不明确，推测可能属于西北阿根廷龙科。

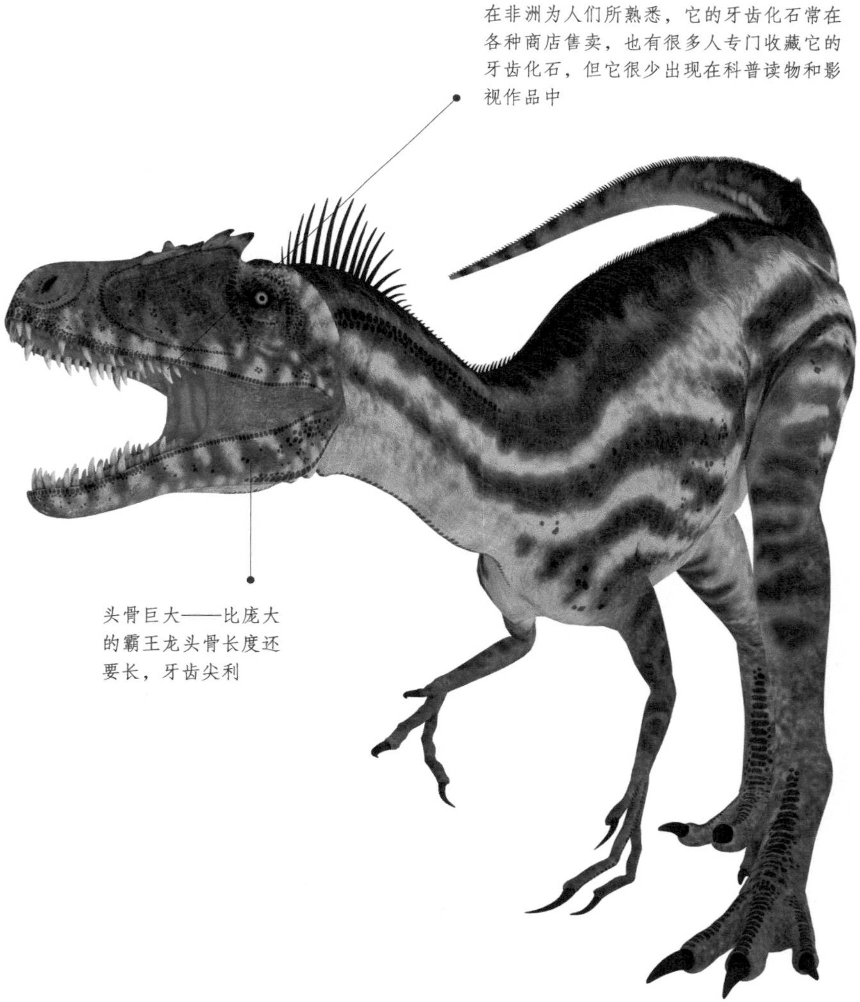

在非洲为人们所熟悉，它的牙齿化石常在各种商店售卖，也有很多人专门收藏它的牙齿化石，但它很少出现在科普读物和影视作品中

头骨巨大——比庞大的霸王龙头骨长度还要长，牙齿尖利

别名：不详 | 分布：非洲北部撒哈拉沙漠

扇冠大天鹅龙　Gigantic swan

生活年代：距今约7200万～6600万年前的白垩纪中期或晚期

　　鸡有鸡冠，鹤有鹤顶，说到龙冠就不能不提到鸭嘴龙家族了。该家族成员的头部都长有形态、大小各异的头冠，它们一扫恐龙在人们心目中的呆板形象，为恐龙家族增添了一抹亮色。说到最怪异的头冠，要数扇冠大天鹅龙，头冠看上去像是一个多种图形的集合体，形态奇异，堪称神奇。

形态　扇冠大天鹅龙体型较大，体长可达8米。头颅骨上有大型中空短釜状冠饰；头部较小；颈部很长，拥有18节颈椎，是目前所发现的鸭嘴龙科中颈椎数目最多的一种；背部脊椎上具有神经棘，荐椎15或16节；尾巴极长，尾部第三节有臀部与神经棘的接合关节。

习性　**活动：**采用二足或四足方式行走，寻找食物时采用四足行走方式，奔跑时则采用二足方式。**食性：**草食性，口内牙齿极多且更新较快，常用喙状嘴来切割植物并送入颚部两旁的颊部咀嚼。**生活史：**目前的研究结果表明，雄性可能通过喷出精液到雌性恐龙的泄殖腔进行繁殖，头顶的冠饰常与性别有关。

属名意即"巨大的天鹅"，与其他鸭嘴龙类的差别在于它们的冠饰向后，形状为短斧或尾扇

科属：鸭嘴龙科，扇冠大天鹅龙属　|　学名：Olorotitan Parks

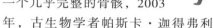

物种 扇冠大天鹅龙属于鸭嘴龙类中的赖氏龙类，化石最早发现于俄罗斯远东阿穆尔州地区附近的察尕沿组，是一个几乎完整的骨骸，2003年，古生物学者帕斯卡·迦得弗利兹等人对它进行了描述。研究发现，它可能与卡戎龙、阿穆尔龙、乌龟、鳄鱼、兽脚亚目、结节龙科以及克贝洛斯龙生活在同一时代，是一种草食性恐龙，可以采用二足或四足方式行走，拥有复杂的头颅骨，可做出类似咀嚼的磨碎动作，并拥有数百颗不断生长和替换的牙齿；头顶的冠饰高大中空，内部包含有鼻管，可能可以作为视觉辨认物或听觉发声器等。

不经常出现在大众文化中，偶尔出现在一些网络游戏中，如《夺命侏罗纪》等。由于它造型奇特，仿真玩具模型常深受小朋友们的喜爱

别名：不详 | 分布：俄罗斯的阿穆尔州

扇冠大天鹅龙

矮暴龙　Dwarf tyrant

生活年代： 距今约6850万～6600万年前的白垩纪晚期

矮暴龙体型十分"娇小"，活动起来敏捷迅速，奔跑速度是暴龙科恐龙中的冠军，而且它非常聪明，深知自己身处环境险恶的白垩纪，"娇小"的身体常是那些凶狠大型恐龙的猎食对象，所以常会猎食霸王龙的幼仔，以此来减少生存环境中的对手。

形态 矮暴龙体型较小，成年体长约5米，体重约1吨。口鼻部较长，口内有31或32颗牙齿，牙齿较薄，类似刀片，具锯齿状边缘，上颌骨有14～15颗牙齿，下颌骨具17颗牙齿，前上颌牙齿较其他上颌牙齿更小，排列更为紧密，横切面呈"D"形。颈部短而粗壮，呈"S"形弯曲。前肢非常细小，其上只有2根手指；后肢长且粗壮。尾巴长而粗壮。

习性 **活动：** 双足行走，为二足恐龙，运动十分敏捷迅速，奔跑速度极快，可能是暴龙类中奔跑速度最快的恐龙。**食性：** 肉食性，常以中小型恐龙或其他物种幼年个体为食，如霸王龙的幼仔。**生活史：** 目前研究结果表明，雄性可能通过喷出精液到雌性恐龙的泄殖腔进行繁殖。

科属：暴龙科，矮暴龙属　|　学名：Nanotyrannus Gilmore

物种 1942年，查尔斯·怀特尼·吉尔摩尔发现了矮暴龙化石，一块小型头颅骨，1946年被Charles W. Gilmore叙述并命名。矮暴龙的体型和年轻的霸王龙相似，在发现之初，科学家对其是否为一个新物种展开过激烈争论，持支持意见的人认为：首先，两者牙齿形状不同，矮暴龙的牙齿更加扁平，犹如刀子，霸王龙的牙齿则如锥子；其次，两者颅腔内部不同，CT扫描发现，霸王龙的大脑相对较直，矮暴龙的大脑较为弯曲，通过耳道也可以看出明显差别。2001年，人们发现了一块较为完整的年轻矮暴龙化石，昵称"珍妮"，使得原来支持它属于一个新物种的研究人员更坚信自己的理论。2015年，曼彻斯特大学的Phil Manning教授和Charlotte Brassie博士利用激光定位扫描技术测算出"珍妮"体重600～900千克，比年轻霸王龙轻很多。同年，俄克拉荷马州立大学的Holly Woodward Ballard副教授利用组织学原理检测了"珍妮"的大腿骨横切面，显示"珍妮"年龄为11岁，是未成年个体，仍处于生长过程中，这一发现证明了所发现的化石应归属于一个新的属，即"矮暴龙属"。

别名：不详　|　分布：美国

惧龙　Frightful lizard

生活年代： *距今约7700万～7400万年前白垩纪晚期的坎帕阶*

　　惧龙是白垩纪末期最凶猛的恐龙之一，是当时生态系统的顶级掠食者，常以大型恐龙为食，可与霸王龙竞争食物，小型猎物入不了其法眼。它非常聪明，常选择辽阔平原进行猎食，不会选择山地，当它们在山地猎食时，奔跑速度会大打折扣，不利于捕食。

性格暴躁，天生嗜杀，嘴里长满了尖锐獠牙

形态　惧龙体型非常巨大，与一头成年亚洲象大小相当，体长约10米，平均体重约4吨，最大个体可超过6吨。头颅骨巨大，约1.1米长，其上具大型洞孔。眼睛周围的泪骨、眶后骨及颧骨有明显隆起，眼窝呈长椭圆形。口鼻部上的鼻骨互相愈合，口鼻部较宽广，上颌骨表面凹凸不平，口内约有60多颗牙齿，牙齿长而厚重，除前上颌骨的牙齿外，横切面均呈椭圆形，而前上颌骨的牙齿却呈D形。颈部粗壮，呈S形。前肢非常短小，其上仅具有二指，后肢巨大而长。尾巴长而厚重。

习性　活动：双足行走，为二足恐龙，运动十分敏捷迅速，奔跑速度极快，常分散活动，只在做远距离迁徙时才成群活动。竞争对手是霸王龙。食性：肉食性，是当时生态系统的顶级掠食者，常以大型恐龙为食。生活史：目前的研究结果表明，它和其他恐龙一样，通过产卵方式繁殖，繁殖期雄性可能通过喷出精液到雌性恐龙的泄殖腔进行繁殖，但是否会照顾幼仔，目前无可靠证据。

科属：暴龙科，惧龙属　｜　学名：Daspletosaurus Russell

物种 1921年，查尔斯·斯腾伯格发现了强健惧龙的模式标本（标本编号CMN8506），包括大部分骨骼，如头颅骨、颈椎、背椎、荐椎、前11节尾椎、肩膀、一个前肢、骨盆及一根股骨，最初认为这些化石属于蛇发女怪龙的一个新种。直到1970年，戴尔·罗素对这些标本进行了完全描述，并建立了新的惧龙属。目前，至少发现了14个惧龙的化石标本，还不算零碎的骨骼碎片和私人收藏家的化石。后期，研究人员将重点转向对惧龙的生理特征、活动特性、生活环境、成长历程上。古生物学家格里高利·艾利克森及同事曾研究惧龙的生长及寿命，通过对骨头的组织学分析，指出惧龙经历了长时间的幼龙状态，会在4年内急速成长，成年后生长率会减慢。

不经常出现在大众文化中，只偶尔出现在一些科普类节目中，如探索频道的《恐龙星球》第三集，节目中一群惧龙正猎食一只受伤的幼年慈母龙，场面十分血腥

别名：达斯布雷龙、恶霸龙 | 分布：加拿大阿尔伯塔省、美国蒙大拿州及新墨西哥州

伤齿龙 Unknown

生活年代：距今约7500万～6500万年前的白垩纪晚期

伤齿龙是一种十分聪明的恐龙，个子小小的，却长了个大脑袋，智商极高，IQ高达5.3。加拿大古动物学家戴尔·罗素曾设想，如果没有6500万年前那场大灾难，伤齿龙完全有可能进化成为代替人类的一种动物——"恐龙人"，这便是风行一时的"恐龙人学说"。

形态 伤齿龙体型较小，身长约2米，身高约1米，体重约60千克。头颅骨较大，重量较轻；眼睛很大，稍稍向前，向前程度超过同类型的其他恐龙。四肢非常长，前肢可以像鸟类翅膀一样向后折起。脚掌上的第二脚趾上有大型、可缩回的镰刀状趾爪。

习性 **活动**：运动十分敏捷迅速，奔跑速度极快，常在夜间成群地活动、取食。**食性**：最初被认为是肉食性，常以小型动物为食，如无脊椎动物、哺乳动物等；后来的研究表明它们可能是杂食性或草食性。**生活史**：寿命较短，死亡时平均年龄为3～5岁。有研究表明，伤齿龙繁衍模式介于鳄鱼和鸟类之间，成年伤齿龙从产卵、孵化蛋到小恐龙出生，仅需45～65天；它们可能具有两个产道，产蛋数量较多，一个成年雌性每一两天便产两颗蛋，重约0.5千克；刚孵化出来的小恐龙可以离开蛋巢进行活动。

科属：伤齿龙科，伤齿龙属 ｜ 学名：Troodon Leidy

物种 伤齿龙的第一个标本是斯腾伯格1932年命名的细爪龙化石，被发现于亚伯达省，由一个脚部、手部碎片和一些尾椎构成，随后几年又发现了其他类似化石，它们的明显特征是第二脚趾上具有加大的趾爪，这在当时被认为是恐爪龙下目的特征，于是斯腾伯格将细爪龙分类于虚骨龙科。1951年，斯腾伯格曾推测，细爪龙和伤齿龙可能是近亲，当时并没有足够标本可供比较来验证这个假设。1969年，戴尔·罗素叙述了一个更完整的细爪龙骨骸，它们的脑部与脚部在20世纪80年代被叙述得更详尽。1987年，菲力·柯尔重新审视已知的伤齿龙科化石，将细爪龙重新分类为美丽伤齿龙的一个异名，这次改变被其他古生物学家广泛地接受，在当时的科学文献中，所有过去被称为细爪龙的标本，现都被改称为伤齿龙。

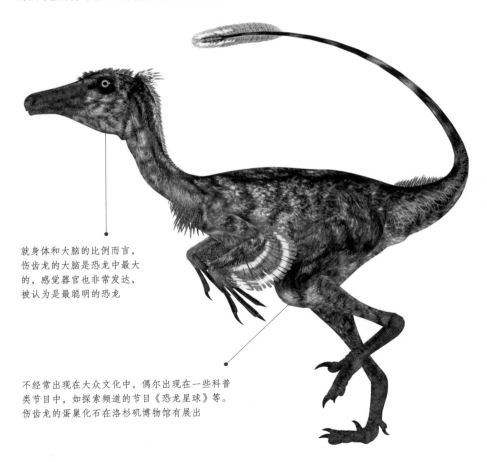

就身体和大脑的比例而言，伤齿龙的大脑是恐龙中最大的，感觉器官也非常发达，被认为是最聪明的恐龙

不经常出现在大众文化中，偶尔出现在一些科普类节目中，如探索频道的节目《恐龙星球》等。伤齿龙的蛋巢化石在洛杉矶博物馆有展出

别名：细爪龙、锯齿龙 ｜ 分布：北美洲

恐手龙 Horrible hand

生活年代： 距今约7000万～6500万年前的白垩纪晚期

　　恐手龙长相十分可怕，模样让人感到毛骨悚然。它巨大的手掌上每一个指头都长有尖锐钩状的爪子，每一只爪子有20～30厘米长。最初，人们想以"可怖的利爪"来命名它，但发现该名已被其他物种使用，后来将它命名为"Deinocheirus"，意为"恐怖的臂膀"。

形态 恐手龙体型较大，身长12～12.8米，身高约5.8米，体重约6.26吨。脑袋极小，颈部较长，吻部尖长，与鸭子相似。口中没有牙齿；肩胛骨长而狭窄。身体十分粗壮。前肢非常长，长达2.4米；手臂上半部较细，肱骨长约93.8厘米，尺骨长约68.8厘米，包括指爪在内的手掌非常大，长约77厘米。尾巴长且粗壮。

习性 **活动**：二足恐龙，常用两足行走，身体笨拙，行动十分迟缓，无法快速奔跑。**食性**：杂食性，可捕食水中的鱼类，也以陆地上的树叶、果实和小型动物的蛋为食。**生活史**：通过产卵方式进行繁殖，据推测，在繁殖期时，雄性可能通过喷出精液到雌性恐龙的泄殖腔进行繁殖。

个子很高，脑袋小，口中没有牙齿，吻部非常类似鸭子，长脖子

行动缓慢的杂食性恐龙，靠吞食石头来磨烂食物

科属：恐手龙科，恐手龙属　|　学名：Deinocheirus Leidy

物种 1965年，波兰古生物学家Zofia Kielan-Jaworowska在蒙古戈壁沙漠发现了一块恐龙化石，具有可怕的爪子，当时，人们将它的前臂和手指部分骨骼挖掘出来，长度近3米，Zofia Kielan-Jaworowska据此将它命名为"恐手龙"。1970年，古生物学家Osmólska和Roniewicz创立了恐手龙科。由于恐手龙体型巨大，加上粗厚的四肢，明显不属于暴龙超科，所以恐手龙科被置于肉食龙下目斑龙超科中。2013年，蒙古又发现了两个新标本，分别是一个成年个体和一个亚成年个体，这些新化石包含了脖子、后肢和尾巴，科学家推测，恐手龙是一种十分笨重的动物，无法快速奔跑，另外其腹部有大量胃石，证明它可能以植物为食。2014年，科学家们将发现的恐手龙化石组合在一起，展示了恐手龙的全貌。

恐手龙独特的手臂模型曾在挪威奥斯陆大学、纽约美国自然历史博物馆、伦敦自然历史博物馆以及犹他州恐龙博物馆等地展览，吸引了许多参观者。它的形象也经常出现在一些科普图书和影视作品中，还出现在IOS开发的手机游戏《侏罗纪世界》中

别名：奇异恐手龙 | 分布：蒙古

似鸡龙 Chicken mimic

生活年代： *距今约7000万年前的白垩纪晚期马斯特里赫特阶*

似鸡龙体型"娇小"，身体十分轻盈，身上长满羽毛，看上去毛茸茸的，没有其他恐龙的凶狠模样。它还长了一双"大长腿"，奔跑速度极快，被它相中的猎物很难逃出魔掌。它的口中没有牙齿，一般不吃大型动物的肉，只吃一些小昆虫或蜥蜴类小型肉类食物。

形态 似鸡龙体型较小，身上长满羽毛，身体形态与鸵鸟十分相似，骨骼中空，身体十分轻盈。头很小，眼睛较大，颈部又细又长，尖尖的嘴内没有牙齿。前肢非常短小，手掌具三根指爪，爪尖锐，弯曲而锋利；后肢较长；尾巴较长，僵硬且挺直。

习性 **活动：** 二足恐龙，常用两足行走，骨骼中空，身体十分轻盈，运动起来十分敏捷，奔跑时跨步很大，速度极快，能逃脱大多数追捕者的追捕。**食性：** 杂食性，常以树叶、果实、昆虫、蜥蜴等为食；也以埋在地下的其他动物尚未孵化的蛋为食。**生活史：** 据推测，它通过产卵方式繁殖。繁殖期时，雄性可能通过喷出精液到雌性恐龙的泄殖腔进行繁殖，但是否会照顾自己的幼仔，目前尚无明确证据。

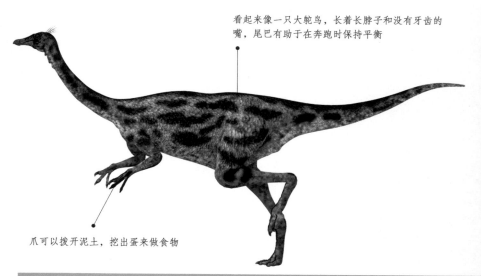

看起来像一只大鸵鸟，长着长脖子和没有牙齿的嘴，尾巴有助于在奔跑时保持平衡

爪可以拨开泥土，挖出蛋来做食物

科属：似鸟龙科，似鸡龙属 | 学名：Gallimimus Osmólska, Roniewicz & Barsbold

物种 1963年，Zofia Kielan-Jaworowska教授带领的考察团队在蒙古戈壁沙漠发现了似鸡龙的第一块化石。1972年，古生物学家Rinchen Barsbold等人对这块化石进行命名，发现它的典型种是风力似鸡龙；正模标本IGM 100/11是一块较大的骨骼结构，包括头颅骨和下颌骨。1996年，古生物学家Barsbold发现它的另一个种，即蒙古似鸡龙（Gallimimus mongoliensis），但在2006年重新研究分析这块标本骨骼结构时，发现"蒙古似鸡龙"并不属于似鸡龙下面的一个种，而应该是一个未被命名的新属。

一些影视作品的座上客，曾出现于电影《侏罗纪公园》中，影片中，似鸡龙正穿越一片平原，以逃离暴龙的追赶，但最后暴龙还是猎食了其中一只似鸡龙；它还出现在了《侏罗纪公园》续集《侏罗纪公园：失落的世界》的一个集体猎杀的场景中

别名：不详 | 分布：蒙古南部戈壁

葬火龙 Funeral pyre lord

生活年代：*距今约8400万～7500万年前的白垩纪晚期*

葬火龙名字有着深远含义，学名来自梵语，在藏传佛教神话中，意即"尸林主"，是两个正在默想中被强盗斩首的僧侣。尸林主一般都会以两个被火焰包围并在跳舞的骨骼来代表，人们以此来命名骨骼保存完好的葬火龙。葬火龙在2007年巨盗龙出土前被认为是世界上最大的偷蛋龙科恐龙。

形态 葬火龙体型较小，最大如鸸鹋一般大小，身长约3米。头颅骨很短，其上有很多孔洞，头顶具高高的冠状物。颈部较长，喙嘴十分坚固，其内没有牙齿。前肢上具3根手指，手指上有弯曲的指爪；胫骨与足部较长。

习性 **活动**：二足恐龙，常用两足行走，头骨上具很多孔洞，大大减轻了身体的重量，运动十分敏捷，奔跑时跨步很大，速度极快。**食性**：杂食性，常以陆地上的树叶、果实、昆虫、蜥蜴等为食；也以埋在地下的其他动物尚未孵化的蛋为食。**生活史**：通过产卵方式进行繁殖，蛋形状像拉长了的椭圆形，蛋长可达18厘米，在蛋巢中排列成三层同心圆。孵蛋时，葬火龙的姿势和现今鸟类一样，常将前肢对称放在巢的两侧，覆盖着整个巢，成年者一次可以孵化多达22枚蛋。刚孵化出的幼仔可以离巢独立活动。

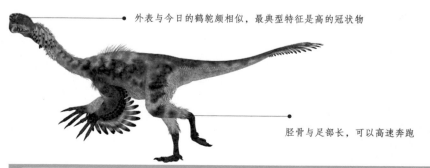

外表与今日的鹤鸵颅相似，最典型特征是高的冠状物

胫骨与足部长，可以高速奔跑

科属：偷蛋龙科，葬火龙属 | **学名**：Citipati Clark, Norell & Barsbold

物种 在人们发现的葬火龙标本中，至少四个保持着孵蛋姿势，当中最著名的是昵称为"大妈妈"的大型标本，于1995年被发表，1999年被描述，2001年被定为葬火龙属。研究表明，所有孵蛋标本都是位于蛋群之上，姿势有力地证明了鸟类与兽脚亚目恐龙之间的行为关联。人们也发掘出一些偷蛋龙科的蛋，首个蛋是在角龙下目的原角龙化石附近发现的，被认为是偷蛋龙在猎食原角龙的蛋；直至1993年，这个错误才被纠正，2001年，诺瑞尔等人根据这个胚胎前上颌骨的垂直棱脊将这个蛋重新编回偷蛋龙科中；同年，葬火龙的模式种*C. osmolskae*由詹姆斯·克拉克、马克·诺瑞尔、瑞钦·巴思钵等人命名。

不经常出现在大众文化中，只偶尔出现在一些科教探索类节目中，还曾出现在IOS开发的游戏《侏罗纪世界》当中

别名：不详 | 分布：蒙古南部戈壁

单爪龙 One claw

生活年代： 距今约7000万年前的白垩纪晚期

　　单爪龙的长相和鸟类十分相似，小小的身子上长着一个小小的脑袋和一双"大长腿"，看上去就像一个善于奔跑的运动健将，最大特点是手掌上只有一根手指，其上长有一根巨大的爪。人们根据这一特点，将它命名为"单爪龙"。

形态 单爪龙体型较小，身长约1米，骨骼十分轻盈。头部较小，眼睛很大，牙齿小而尖。颈部细长。前肢短粗，腕骨融合，手掌上只有一个手指，且指骨与尺骨和肱骨长度非常接近，并且这根手指上长有巨大的爪。胸骨具与鸟类相似的较大龙骨突，上面可能附着大面积的胸肌。后肢及尾巴均较长。

习性 **活动：** 二足恐龙，常用两足行走，身体十分轻盈，后肢很长，运动起来十分敏捷，奔跑时速度极快；短粗的前肢可以穿透土壤，取食土壤中的小型生物。**食性：** 肉食性，常以昆虫和小型动物等为食，例如蜥蜴或小型哺乳类等；眼睛较大，可以在较寒冷、有较少掠食者出现的夜晚猎食。**生活史：** 目前的研究结果表明，它可能和鸟类具有相同的繁殖行为，雄性可能通过喷出精液到雌性恐龙的泄殖腔进行繁殖。

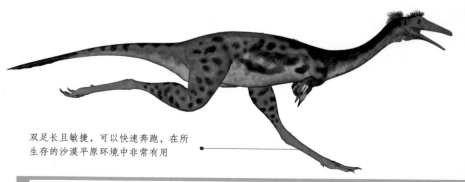

双足长且敏捷，可以快速奔跑，在所生存的沙漠平原环境中非常有用

科属：阿瓦拉慈龙科，单爪龙属 | 学名：Mononykus Perle et al.

物种 1923年，美国纽约自然史博物馆的罗伊·安德鲁斯带领中央亚细亚考察队进入荒芜的蒙古戈壁，发现了一具不完整的化石，由脊椎骨、后肢和一个被称为"像鸟类的未知恐龙"的骨盆所组成，当时人们把它作为一具普通的小兽脚类化石，带回美国后束之高阁。20世纪90年代，古生物学家们重返蒙古戈壁，发现了一具大小如火鸡般大的的恐龙化石，长有像鸟一样的后肢和极小的前肢。研究发现，这具化石与1923年发现的那具尘封已久的化石应属于同一种恐龙，后来命名为"鹰嘴单爪龙（Mononykus olecranus)"，属名Mononykus意即"只有一个爪"。2015年9月，我国科学家在河南西峡发现了一个单爪龙类恐龙的新属种，命名为"张氏西峡爪龙"，是我国首次发现的单爪龙类恐龙，根据多方面的证据，科学家已绘制出它的复原图。

不常出现在大众文化中，偶尔出现在一些科教探索类节目当中，如《恐龙探秘》的第九期便简单地介绍了艾伯塔龙、拟鸟龙和单爪龙这三种恐龙

别名：不详 | 分布：蒙古西南部

镰刀龙　Scythe lizard

生活年代： *距今约7000万年前的白垩纪晚期*

　　镰刀龙体型十分粗壮，长相十分恐怖，看上去一副凶神恶煞的样子，长久以来被认为性情暴烈，争强好斗，喜欢追逐攻击性较强的肉食恐龙。其实不然，它平时一副懒洋洋的样子，行动十分缓慢。近年研究结果表明，镰刀龙并不喜欢吃肉，而是名副其实的素食动物。

形态 镰刀龙体型较大，身体粗壮，最长可达10米，体重可重达5吨。头部较小，颈部细长；前肢较长，平均2.5米，最长个体可达3.5米，其上三根手指均具有巨大的爪，爪长可达1米，且并不弯曲，向末端逐渐变尖。后肢具有四根承重的脚趾。尾巴僵直。

习性 **活动：** 身体笨拙，行动十分缓慢，行走方式尚无定论。一部分学者认为镰刀龙的前肢与后肢长度相近，像大猩猩或爪兽那样用四肢行动，更多学者认为它们不应是四肢着地，因为前肢结构不适合支持体重，巨大的爪也比较碍事。**食性**：草食性，取食时使用长臂取食树上的枝叶或果实，并用大型指爪将树叶送入口中。**生活史**：目前研究结果表明，雄性可能通过喷出精液到雌性恐龙的泄殖腔进行繁殖，但是否会照顾自己的幼仔，目前尚无定论。

长得酷似鸟类

科属：镰刀龙科，镰刀龙属　|　学名：Therizinosaurus Maleev

物种 1948年，前苏联和蒙古联合考察队在蒙古西南部发现了镰刀龙的第一块化石，它是一些巨大的爪，长达1米。1954年，前苏联古生物学家Evgeny Maleev对它们进行了命名和描述，认为这些化石属于像甲龟一样的大型爬行动物，体长约4.5米，但没有进行具体分类。1970年，Anatoly Konstantinovich Rozhdestvensky研究表明它属于兽脚类恐龙而不是甲龟。随后，人们相继发现了很多镰刀龙化石，其中标本号为IGM 100/15-17的化石包括几副爪和部分前肢，1976年为Rinchen Barsbold所描述；另一块标本IGM 100/45包括大部分后肢，1982年为Altangerel Perle所描述；后来，人们在中国北部发现了另一块化石，使得古生物学家可以组合出这种动物的骨骼，最终确定了它的分类。20世纪70～90年代，人们发现了数个镰刀龙的近亲，例如1993年发现的阿拉善龙与1996年发现的北票龙，对于镰刀龙类的演化位置有了更清晰的理解。

不经常出现在大众文化中，只偶尔出现在一些科教探索类节目或大型纪录片中，如《恐龙星球》和BBC纪录片《与恐龙同行——镰刀龙探秘》等

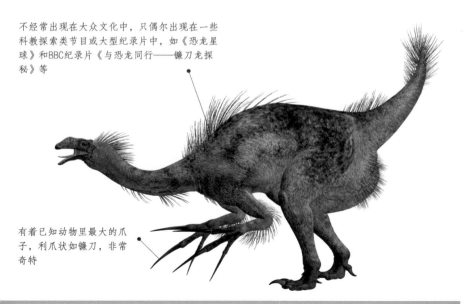

有着已知动物里最大的爪子，利爪状如镰刀，非常奇特

别名：不详 | 分布：蒙古西南部

鲨齿龙 Sharp lizard

生活年代：距今约1亿～9300万年前白垩纪晚期阿尔布阶到土仑阶

单从鲨齿龙的体型来看，已奠定了它在恐龙界的"元老级"地位，成年的鲨齿龙体长可达14米，最重个体可达11.45吨，最吓人的不止是它巨大的身体，最重要的是长而锋利的大牙，看上去类似噬人鲨的牙齿，只要被咬上一口，一定是皮开肉绽的。它的学名为"Carcharodontosaurus"，意即"像噬人鲨的蜥蜴"，人们根据这些特点将它命名为"鲨齿龙"。

形态 鲨齿龙身长最长14.1米，体重6～11.5吨，臀高最高4米，头长1.5～1.8米；眶前孔很大，像极了骷髅的眼睛；口鼻部大而长，牙齿非常大，极其锋利，但单薄，呈锯齿状，类似大白鲨；前肢比较短，手部都有三根手指，其上有指爪；后肢骨头较为粗壮，脚掌具有四根脚趾。

习性 **活动：**常用后肢行走，二足恐龙，运动时凶猛有力，捕食时巨大的口鼻部可将猎物提起，然后用尖利的牙齿切割猎物的皮肤和肌肉组织。**食性：**肉食性，常以大型或巨型蜥脚类恐龙为食，如帕拉克西龙、体积庞大的波塞东龙、腱龙等；可捕捉重30～40吨的蜥脚类恐龙，然后用锋利的牙齿来撕碎这些猎物的皮肉。**生活史：**雄性可能通过喷出精液到雌性恐龙的泄殖腔进行繁殖，一般寿命较长，达到成熟时间所需要时间较长。

头颅骨长且巨大，吻部较窄　　　　　　躯干瘦，前肢较为短小

科属：鲨齿龙科，鲨齿龙属　｜　学名：Carcharodontosaurus Depéret & Savornin

物种 1924年，人们在阿尔及利亚发现
了两块奇特的牙齿化石，认为应
属于一个新的物种，1925年
进行了初次命名。1931年，
古生物学家Ernst Stromer重
新研究了1914年的一个化石
标本，它包括部分头骨、椎
骨、指骨、腿骨及一些细小
的臀部骨骼碎片，确定了它与
1924年发现的牙齿标本同属于一
个物种，但该标本于第二次世界大
战期间被毁。直到1995年，人们发现了较完整的
鲨齿龙化石标本，才详细地揭开了这种恐龙的真面目，并将它正式命名
为"Carcharodontosaurus"。后期，主要研究了它的骨骼结构、形态及生理特
征、生活环境等，2001年的Seebacher对12米的鲨齿龙计算了体重，大概8吨，
比一般体型的南方巨兽龙重了500千克；2007年，科学家发现了与它同属的近
亲伊吉迪鲨齿龙。

眼睛的眶前孔大，
且酷似骷髅 ●

不被一般大众所熟知，会经
常出现在一些科普探索类电
视节目中，如《恐龙星球》
《Monsters Resurrected》；还
出现在2014年纪录片《比霸王
龙更大的恐龙》中；除了影视
作品外，还出现在某些电子游
戏中，例如《侏罗纪公园：基
因计划》《帕拉世界》等

牙齿长，极其锋利，
类似鲨鱼的牙齿

别名：望齿龙、噬齿龙 ┃ 分布：突尼斯、埃及、摩洛哥、阿尔及利亚、尼日尔等国

副栉龙　Near crested lizard

生活年代：距今约7600万～7300万年前的白垩纪晚期

　　副栉龙的长相十分奇特，头顶上长有一个长长的冠饰，使它极容易与其他恐龙区分开来；不仅如此，它还有神奇的功能，不仅可以用来辨别物种和展示性别，还可以作为沟通用的扬声器，并可以调节体温。甚至有人提出，副栉龙是那个时代叫声最大的恐龙。

形态　副栉龙的模式标本身长约10米，体重约3.2吨，背部脊椎具有神经棘；头顶具有中空的冠饰，由前上颚骨与鼻骨所构成，从头部后方延伸出去，头颅骨与冠饰长约1.6米；肩胛骨短而宽；前肢较其他鸭嘴龙科恐龙短，上臂较粗壮。

习性　**活动：**采用二足或四足方式行走，在寻找食物时用四足方式，奔跑时用二足方式。**食性：**草食性，口内牙齿极多且更新较快，常用喙状嘴来切割植物，送入颚部两旁的颊部，取食范围通常为离地面4米以上的植物。**生活史：**目前研究结果表明，雄性可能通过喷出精液到雌性的泄殖腔进行繁殖，头顶的冠饰常与性别有关。

名字意为"几乎有冠饰的蜥蜴"，最著名的特征是头顶上的冠饰，中空，内部有从鼻孔到冠饰尾端，再绕回头后方，直到头颅内部的管

不经常出现在大众文化中，只偶尔出现在一些科教探索类节目或大型纪录片中。由于形象奇特，它的仿真玩具模型为小朋友们所喜爱

科属：鸭嘴龙科，副栉龙属　｜　学名：Parasaurolophus Parks

物种 1920年，多伦多大学的野外队伍在加拿大阿尔伯塔省红鹿河畔的桑德河附近发现了副栉龙化石标本，将它确定为模式标本（标本编号ROM708），包含一个头颅骨与部分骨骸，缺少膝盖以下的后肢与大部分尾巴，后来，该化石被威廉·帕克斯命名为"沃克氏副栉龙"。尽管在阿尔伯塔省发现了副栉龙的第一个标本，但它们的化石在该省比较少见，在南方的新墨西哥州与犹他州，副栉龙化石则比较常见。1921年，查尔斯·斯腾伯格在新墨西哥州圣胡安县的基特兰德组发现了一个部分头颅骨化石，该地层较恐龙公园组年轻；1995年，小号手副栉龙的第二个接近完整头颅骨化石标本（编号NMMNH P-25100）在新墨西哥州发现；1999年，罗伯特·苏利文与托马斯·威廉森使用计算机断层扫描来检验这个头颅骨，并在一个专题论文上讨论它的生理结构、分类以及冠饰的功能。

別名：副龙栉龙　|　分布：新墨西哥州、犹他州

193

副栉龙

赖氏龙　Lambe's lizard

生活年代： *距今约7600万～7500万年前的白垩纪晚期*

赖氏龙长相十分奇特，头顶有一个高高的冠饰，极容易与其他恐龙区分开来。这冠饰不仅好看，而且具有神奇的功能——可以用来辨别物种和展示性别，还可以增进嗅觉，储存空气或用来换气。

形态 赖氏龙体型较大，加拿大种与冠龙体型相似，身长约9.4米；窄尾赖氏龙身长15～16.5米，体重可达23吨。颈部、身体、尾巴等处皮肤较厚且有不规则排列的多边形鳞片。头顶有向前倾的冠饰，垂直鼻管位于冠饰前部。前肢和后肢几乎等长，手掌上有四个手指，没有拇指，中间三指有指爪。每个脚掌上只有中间三个脚趾。尾巴较长，且僵硬挺直。

习性 **活动：** 采用二足或四足方式行走，通常在寻找食物时采用四足方式，奔跑时采用二足方式。**食性：** 草食性，口内牙齿极多且更新较快，常用喙状嘴来切割植物并送入颚部两旁的颊部，取食范围通常为离地面4米以下的植物。
生活史： 目前的研究结果表明，雄性可能通过喷出精液到雌性恐龙的泄殖腔进行繁殖，头顶的冠饰常与性别有关。

最典型特征是头上有斧头状冠饰

皮肤厚，上具不规则排列的多边形鳞片

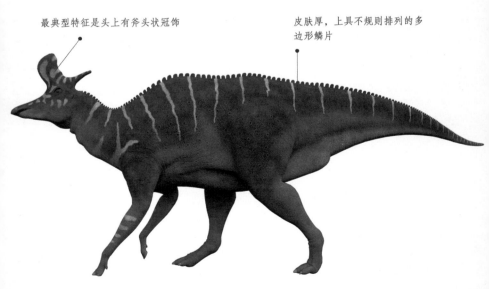

科属：鸭嘴龙科，赖氏龙属　|　学名：Lambeosaurus Parks

物种 赖氏龙的分类历史十分复杂。1902年，劳伦斯·赖博将一个发现于阿尔伯塔省的四肢化石（编号GSC 419）命名为糙齿龙的一种，即"缘边糙齿龙"；1910年，古生物学家在同一岩层发现了保存更好的鸭嘴龙类化石，赖博将其中两个头颅骨归类于缘边糙齿龙，1914年为该种建立了独立新属；1920年，加拿大古生物学家威廉·狄勒·马修将一个存放在美国自然历史博物馆的骨骼照片命名为"原鹅龙"，帕克斯认为这个程序与命名不适当并质疑其有效性，建立了新属Tetragonosaurus，模式种为*T. praeceps*，将恐龙公园组发现的一个小型头颅骨命名为第二种*T. erectofrons*，并将马修所命名的原鹅龙化石改归类于这第二个种；1935年，查尔斯·斯腾伯格采纳了上述说法，并建立了第三个种*T. cranibrevis*；1975年，达德森在测量了数十个头颅骨的形态学数据后，解释了赖氏龙亚科在短时间、小范围内能够发展出如此多的属和种，认为赖氏龙亚科的许多种，其实只代表着不同年龄层或性别。

不经常出现在大众文化中，偶尔出现在一些科教探索类节目或大型纪录片中，形象也会出现在一些大型游戏中，如《夺命侏罗纪》等

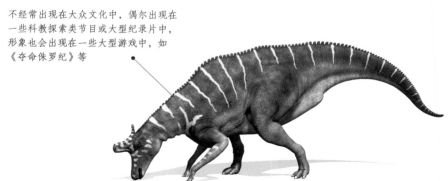

别名：兰伯龙 ｜ 分布：加拿大阿尔伯塔省、美国蒙大拿州和加利福尼亚州、墨西哥

冠龙　Duck-billed

生活年代：*距今约7700万～7500万年前的白垩纪晚期*

　　冠龙的脸上有褶皱皮囊，可以通过皮囊发出声音给恐龙群传递报警信号或吸引异性，声音就像青蛙从喉咙里发出的呱呱声一样。它性情温和，非天生好战者，身上没有盔甲、棘刺和利爪，非常喜欢展示自己，炫耀与众不同的"头饰"和独特的鸣叫声，这些显眼特征有时可以吓唬住对方，使敌人在决定发动进攻前三思而行。它通过这样的手段，极大地避免了肉食性恐龙的猎杀。

形态 冠龙体型较大，体长可达9米，体重3.76～4.21吨，身体表面凹凸不平。头颅骨上有大型的中空冠饰，从脑后延伸到鼻孔处。头部较小，颈部很长，前肢较后肢稍短些，脚趾上没有锋利的爪。尾巴长而粗壮。

习性 **活动**：采用二足行走方式，常成群活动，奔跑时速度极快，取食时常采用四足站立的姿势。**食性**：草食性，口内牙齿极多且更新较快，常用喙状嘴来咬断植物的细枝、树叶及松针，然后放入后面成排的牙齿间咀嚼，也直接取食比较柔软的植物组织。**生活史**：目前研究结果表明，雄性可能通过喷出精液到雌性恐龙的泄殖腔进行繁殖；雄性头顶的冠饰常比雌性的大些。

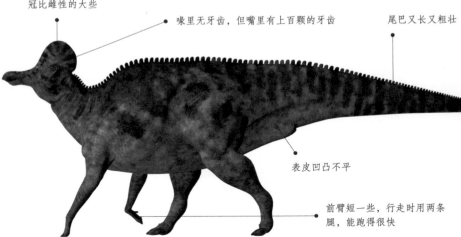

大型恐龙，长着像鸭子一样的脸，头顶有中空冠饰，雄性的头冠比雌性的大些

喙里无牙齿，但嘴里有上百颗的牙齿

尾巴又长又粗壮

表皮凹凸不平

前臂短一些，行走时用两条腿，能跑得很快

科属：鸭嘴龙科，冠龙属　|　学名：Corythosaurus Brown

物种 1912年，巴纳姆·布郎在加拿大艾伯塔省的红鹿河附近发现了冠龙的第一个标本，除了发现了几乎完整的骨骼外，化石化的皮肤也被保存下来。1916年，这些标本连同其他省立恐龙公园的化石被运往英国，但船只被德国巡洋舰击沉，化石沉入北大西洋海底。截至目前，人们已发现超过20个冠龙的头颅骨。和其他赖氏龙亚科相同，头颅骨顶端有高大的骨质头冠，内有延长的鼻腔，一直伸延至冠饰。科学家推测冠龙能发出低频的声音，类似管乐器，起到警示和吸引配偶的作用。近年的研究表明，扇冠大天鹅龙跟其他赖氏龙亚科没有太多相似的头部特征，其实是冠龙的最近亲。

在电影《侏罗纪公园3》中曾出现一群冠龙与副栉龙对峙的场面，它也出现在迪士尼动画电影《幻想曲》中的《春之祭》段落。它还曾出现在维旺迪环球的电玩游戏《侏罗纪公园：基因计划》中

别名： 盔龙、鸡冠龙、盔头龙、盔首龙 | **分布：** 美国的蒙大拿州、加拿大

乌贝拉巴恐怖之鳄 Unknown

生活年代：距今约8500万～6600万年前的白垩纪晚期马斯特里赫特阶

　　2004年，人们在巴西东南部城市乌贝拉巴附近发现了保存完好的"乌贝拉巴恐怖之鳄"的头骨，乍一听这个名字，让人觉得是一种十分奇怪的生物，但这个"怪名字"只是为了纪念它的发现地。它是一种生活在陆地上的史前鳄鱼，曾与恐龙共同漫步在史前大陆上，鉴于它也是一种十分凶猛的动物，可能和恐龙相处得并不和谐。

形态 乌贝拉巴恐怖之鳄可能体型较小，身体形态与现代的狗类似，体长约2.5米。头颅骨十分高大；口鼻部较大，口内有许多牙齿，牙齿较钝，横截面呈圆形；前肢几乎与后肢等长，前肢较细弱，其上具有5指，相互分离；后肢较为粗壮，其上具有4指，相互分离。尾巴很长，十分粗壮。

习性 **活动：**四足行走，身体十分灵活且平衡感极好，奔跑时速度极快，常聚集在一起进行取食、活动。**食性：**肉食性，常以生活在同时代的中小型猎物为食，牙齿较钝，狩猎时并不是利用牙齿来撕开动物的皮肉，而是猛地一口直接将皮肉咬下。**生活史：**可能和鳄鱼一样，卵胎生繁殖，至于更详细的繁殖行为和生活史，目前尚无明确化石证据。

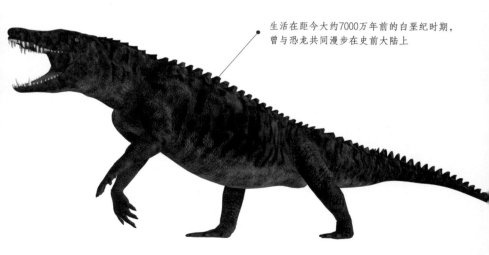

生活在距今大约7000万年前的白垩纪时期，曾与恐龙共同漫步在史前大陆上

科属：佩罗鳄科，乌贝拉巴鳄属　|　学名：Uberabasuchus Carvalho et al.

物种 2004年，人们在巴西东南部城市乌贝拉巴附近发现了一具保存十分完好的头骨化石，经研究，科学家认为它可能是一种史前鳄鱼，并根据它的发现地予以命名。在这之后，再也没有发现乌贝拉巴恐怖之鳄的化石，目前对它的研究还很不完善。

唯一一块化石是2004年才出土的，目前为止，它很少出现在大众文化中，但相信随着科学的发展，最终一定会走进大众文化

别名：不详 ｜ 分布：巴西

亚伯达角龙 Alberta horned face

生活年代： 距今约7750万年前的白垩纪晚期

　　亚伯达角龙长相十分奇特，尖角锋利，看起来非常凶恶，但它实际上并非生性凶残的恐龙，而是一个地道的"素食主义者"，但当敌人来犯时，它也毫不示弱，会用它头上四个大角狠狠地撞击敌人，直至将敌人彻底打退。

形态 亚伯达角龙体型中等，体长约5.8米，体重约3500千克；同时拥有很长的额角与尖角龙亚科的头盾，头盾后方还有两个向外的大型钩角；口鼻部较长，鼻部上方有一个骨质棱脊；前肢每个手掌上都有5根手指，后肢较为粗壮，脚掌上具有4指，具有蹄状结构。尾巴长度中等，十分粗壮。

习性 **活动：** 四足行走，活动较为敏捷、迅速，白天大部分时间聚集在一起啃食植物。**食性：** 草食性，取食范围常为距离地面3～9米的植物，常以蕨类植物的枝叶、苏铁植物、原始的开花植物、裸子植物、松柏科植物、银杏等为食。**生活史：** 同其他恐龙一样，通过产卵方式繁殖；繁殖期雄性通过头盾来吸引雌性；交配时，雄性通过喷出精液到雌性恐龙的泄殖腔而使雌性受精，但具体繁殖行为和生活史尚无明确的研究结果。

额头上长有两只巨大额角，头盾上也有两个像钩子一样的角，说明它在对敌交锋中的战斗力

科属：角龙科，亚伯达角龙属　｜　学名：Albertaceratops Ryan

物种 目前所发现的亚伯达角龙化石均来自于加拿大亚伯达省老人组与美国蒙大拿州朱迪斯河组。第一个完整头部及颅后身体碎片于2001年8月被Michael J. Ryan发现，之后进行了分析，亲缘分支分类法研究显示亚伯达角龙是最基础的尖角龙亚科恐龙。2003年，Ryan将这些研究成果发表在论文中。在被正式叙述和命名之前，亚伯达角龙一直被称为"Medusaceratops"，这个名称便来自Ryan在2003年发表的论文。2007年，Ryan才对亚伯达角龙进行正式命名和描述。

并不经常出现在大众视野中，偶尔出现在一些科普类恐龙读物和影视作品中，如曾出现在儿童科普读物《大恐龙—白垩纪》之中

别名：不详 | 分布：加拿大阿尔伯塔省、美国蒙大拿州

浙江翼龙 Zhejiang dinosaur

生活年代： *距今约8150万年前的白垩纪晚期*

　　浙江翼龙是一种非常神奇的爬行动物，既可以在陆地上行走，又可以在空中飞行，还可以在水中捕鱼，无论在哪里，它都能做到游刃有余、行动迅速。它的化石在我国浙江省临海市发现，被命名为"浙江翼龙"。

形态 浙江翼龙体型中等，体重3.5～7.9千克，具有两翼，翼展3.5～5米。头部低矮，头颅骨很长；鼻孔与眼前孔连合成一个卵型大孔，约占头骨全长1/2；喙细长而尖锐，没有牙齿；颈椎骨延长，由七个颈椎组成，前六节脊椎骨融合成联合背椎；胸骨非常薄，具有龙骨突；四肢较瘦，十分强壮有力，腿上可能具有蹼状脚掌。尾巴较短。

习性 **活动**：具备快速运动能力，可以半直立步态在陆地上行走，也可以利用湖面风翱翔盘旋，还很可能具有凫水能力。**食性**：肉食性，常以鱼、水生无脊椎动物、空中飞行小型动物及陆生动物等为食。**生活史**：具有与今天鸟类相似的繁殖行为，以卵生方式繁殖后代，交配时雄性可能通过喷出精液到雌性恐龙的泄殖腔而使雌性受精；雌性常把卵产在湖泊附近的沙地或海滩上，成年个体会自己孵卵，照顾幼仔。

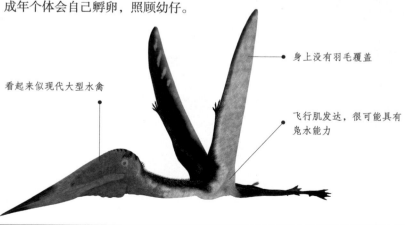

看起来似现代大型水禽

身上没有羽毛覆盖

飞行肌发达，很可能具有凫水能力

科属： 夜翼龙科，浙江翼龙属　|　**学名：** Zhejiangopterus Cai & Feng

物种　1986年4月，在浙江省临海市采石厂中发现了一件较完整的脊椎动物化石，经浙江自然博物馆专家鉴定为翼龙化石。此后，又在当地陆续发现了三件完整程度不等的翼龙骨架化石及零散骨骼，包括一件完整的翼龙头骨化石，经浙江自然博物馆的蔡正全、魏丰研究后，将其定名为"浙江临海翼龙"。1989年11月20日，该发现地被浙江省政府公布为"临海翼龙化石产地保护区"。如今，世界上已经发现并命名了超过120种翼龙化石，个体大小和形态差异非常大，大的化石两翼展开可达近12米，宽度相当于一架F-16战斗机，小的仅如麻雀。我国目前共发现12个属种的翼龙化石，从中侏罗纪至晚白垩纪都有，最早发现的翼龙化石是新疆准噶尔盆地吐谷鲁群出土的魏氏准噶尔翼龙和复齿湖翼龙。研究发现，浙江临海翼龙虽然具有准噶尔翼龙亚目夜翼龙科的特征，又有另外一些与夜翼龙属不同的形态构造，研究者专门建立了一个新属新种，即浙江翼龙属临海种。

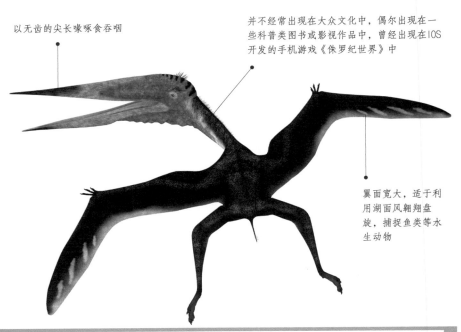

以无齿的尖长喙啄食吞咽

并不经常出现在大众文化中，偶尔出现在一些科普类图书或影视作品中，曾经出现在IOS开发的手机游戏《侏罗纪世界》中

翼面宽大，适于利用湖面风翱翔盘旋，捕捉鱼类等水生动物

别名：不详 ｜ 分布：中国的浙江省

风神翼龙 Unknown

生活年代：距今约6800万～6600万年前的白垩纪晚期

风神翼龙是人类已知最大的飞行动物，巨大的体型从一开始便树立了它"威严"的形象，不仅统治着天空，还是陆地上的恶魔。当风神翼龙站在地面上时，脑袋离地的高度足足有5米，相当于今天长颈鹿的高度。它猎食的武器是尖长如同长矛的嘴巴，虽然嘴中没有牙齿，但当快速向下刺去时依然具有巨大的杀伤力，即使是陆地上的"霸主"霸王龙也会礼敬它三分。

形态 风神翼龙体型较大，身体呈流线型，翼展长达11米，体重可达250千克。头骨较长，未成年个体头骨长约1米；眼眶前上方具有脊冠，眶前孔巨大，约占头骨全长的二分之一；喙嘴又长又细，前端较钝，且口中没有牙齿；颈部非常长，长度常超过2米。四肢长而强壮。尾部极短。

习性 **活动**：具备快速运动能力，可以半直立步态在陆地上快速行走，也可利用气流在空中翱翔盘旋，还具有缓慢减速下降的能力。**食性**：肉食性，取食范围存在争议，有人认为主要以陆地上中小型生物为食，不能取食水中生物，有人认为可以在水中迅速游动并捕食水生生物。**生活史**：具有与今天鸟类相似的繁殖行为，以卵生方式繁殖后代，交配时雄性可能通过喷出精液到雌性恐龙的泄殖腔而使雌性受精；雌性常把卵产在湖泊附近的沙地或海滩上，成年个体会自己孵卵，照顾幼仔。

人类已知最大的飞行动物

科属：神龙翼龙科，风神翼龙属 | 学名：Quetzalcoatlus Lawson

物种 1975年，美国德克萨斯大学的古生物学家兰斯顿在德克萨斯州与墨西哥交界处的大湾国立公园发现了一些巨大的翼龙翅骨残片，之后经过4年连续工作，在该处挖掘出了大量破碎化石，确认这些化石为三只同种翼龙的骨骼碎片。后来兰斯顿在研究风神翼龙体型时套用了无齿翼龙的身体比例，最终得到了一只翼展可达15.5米的巨型飞行动物，这使他想起了墨西哥原住土著哥阿兹特克人与托尔特克人崇奉的重要神袛——风神科沙寇克阿特，于是将其命名为"风神翼龙"。1996年，Kellner与Langston在德克萨斯州公布了第二个未命名种。21世纪，各国科学家纷纷研究风神翼龙的生理及其他方面特征，其中它的飞行能力更引起科学界的极大关注，很多人认为风神翼龙无法靠双翼飞行，当它站在平地上时，通常会采用四肢跳跃方式，在获得一定速度之后张开双翼然后腾空而起。

曾出现在电视节目《恐龙王国》《与恐龙共舞》《末代恐龙》中，还出现在树下野狐的悬疑奇幻小说《光年》中

别名：披羽蛇翼龙	分布：北美洲

野猪鳄 Boar crocodile

生活年代: *距今约9500万年前的白垩纪晚期*

　　野猪鳄的体型不是很大,长相十分吓人,嘴大而长,嘴内还长有一些大尖牙,一副要吃人的样子。它长得很像鳄鱼,却有很长的四肢,科学家认为它不仅可以像鳄鱼一样在水中活动,也可以在陆地上快速前进,能够迅速地接近恐龙,并对恐龙进行掠食。人们根据这一特点,又将它命名为"长腿鳄鱼"。

形态 野猪鳄体型中等,身体全长3.3~6米;头部较小,头骨长约507毫米,头部后段较高;眼眶朝向两侧,口鼻部长度适中,末端外鼻孔朝上;下颌骨长约603毫米,与其他近亲的小型牙齿相比,上颌及下颌前段的牙齿均较大,且为犬型牙齿;四肢较长,且后肢长于前肢,脚掌上具有锋利的指爪;尾巴很长。

习性 **活动**:目前对野猪鳄的活动方式存在一定争议,有人认为它主要在陆地上活动,靠捕食陆地上的生物为生,也有人认为,它主要在水中活动,靠伏击水边的生物为生。**食性**:肉食性,取食范围不是很明确,有人认为它们可能以水生生物为食,也有人认为它们以陆生生物为食。**生活史**:科学家推测其繁殖方式可能和鳄鱼的繁殖方式类似,常在岸边筑巢产卵,但与鳄鱼不同的是,它们不具有对后代的哺育行为。

鳞状骨、顶骨形成大型角状隆起,朝向头后方突起

科属:马任加鳄科,猪鳄属　|　学名:Kaprosuchus Sereno and Larsson

物种 野猪鳄的第一块化石在尼日阿加德兹的El Echkar组地层发现，之后很多年，人们又相继发现了一些其他化石标本，但所发现的化石数量不是很多。2009年，古生物学家保罗·塞里诺和汉斯·拉森仔细研究了所有化石后，在《ZooKeys》上发表了叙述和命名研究。研究表明，野猪鳄身长约6米，上颌、下颌前段有数颗大型犬齿型牙齿，当嘴部咬合时下颌长牙会嵌入上颌边的凹处，眼眶朝向两侧，略朝前方而非略朝上；塞里诺等人推测，野猪鳄双眼的视觉可能有部分重叠，具有某种程度的立体视觉。尚需发掘更多的化石，以期对野猪鳄有更深刻和全面的了解。

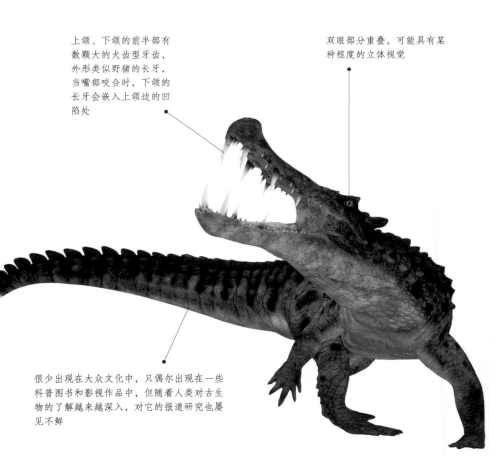

上颌、下颌的前半部有数颗大的犬齿型牙齿，外形类似野猪的长牙，当嘴部咬合时，下颌的长牙会嵌入上颌边的凹陷处

双眼部分重叠，可能具有某种程度的立体视觉

很少出现在大众文化中，只偶尔出现在一些科普图书和影视作品中，但随着人类对古生物的了解越来越深入，对它的报道研究也屡见不鲜

别名：猪鳄、长腿鳄鱼 | 分布：非洲

奥古斯丁龙 Agustinia dinosaur

生活年代： *距今1.16亿～1.1亿年前的白垩纪晚期*

"奥古斯丁龙"之名，非常像一个人的名字，其实人们是为了纪念它的发现者奥古斯丁·马蒂内利才将它如此命名。另外，奥古斯丁龙还有一个种，人们将它命名为了"利加布奥古斯丁龙"，也是为了纪念曾经资助发掘此恐龙化石的慈善家利加布博士。

形态 目前对奥古斯丁龙的身体特征了解得并不是很多，有待考证。根据目前的发现，科学家推测，奥古斯丁龙身体较强壮，体型较大，体长可达15米，背中部有着一连串垂直的宽尖刺及宽骨板，常用做盔甲或进攻武器以保护自己。

习性 **活动：** 四肢发达，活动迅速有力，用四足行走，常聚集在一起活动、取食，受到攻击时，常用背部的尖刺回击敌人，也用骨板保护自己免受敌人攻击的伤害，但这些都有待进一步考证。**食性：** 草食性，常以蕨类植物的枝叶、苏铁植物、裸子植物、松柏科植物、银杏等为食。**生活史：** 由于生物交配很难通过化石形式保存下来，所以对奥古斯丁龙的生活史研究还不完善，目前研究结果表明，它们可能跟一些鸟类一样，通过喷出精液到雌性恐龙的泄殖腔进行繁殖，每当繁殖季节时，会将巢聚集在生育区，然后在巢中产卵，雌恐龙会留在巢边，以保护卵和刚孵出的小奥古斯丁龙。

最典型的特征是背部有着一连串垂直的
宽尖刺及宽骨板，有些像剑龙的

四肢粗壮，长短适中，
如柱子般支撑着躯体

科属：泰坦龙科，奥古斯丁龙属 | 学名：Agustinia Bonaparte

物种 目前对奥古斯丁龙化石的开采和研究并不多，它的第一块化石是于阿根廷的内乌肯省Lohan Cura地层中被奥古斯丁·马蒂内利发现的，并于1998年由著名的阿根廷古生物学者约瑟·波拿巴命名为"Augustia"，但由于该属名已由一种甲虫所有，故波拿巴于1999年将其更改为"Agustinia"，并建立奥古斯丁龙科，以包含奥古斯丁龙。但这些已经发现的化石并不完整，只包括背部、臀部及尾部的脊椎碎片；另外还发现了九块形状奇怪连于脊椎的骨板或尖刺、后下脚的腓骨、胫骨及五块中骨，至今没有完整的奥古斯丁龙化石被发现。

人们最熟悉的恐龙之一，它的形象时常出现在一些科普文学作品和影视作品当中，小朋友们更是有机会在市场上买到奥古斯丁龙的模型玩具

别名：不详 | 分布：南美洲

海王龙 Protuberance lizard

生活年代： *距今约8650万～7500万年前的白垩世晚期*

海王龙是海洋世界中最致命的猎手之一，几乎可以猎捕所有比它小的动物。捕食时，它先用长鼻子来定位猎物，然后用强壮的下巴封住猎物去路。一旦猎物进入它凶险的颌内，它就会用嘴里的两排牙齿让猎物无处可逃，将猎物整个儿吞下去。它的领地意识非常强，常把同类看成竞争对手，发起十分凶猛的进攻。

名字意为"有瘤的蜥蜴"

它并不是恐龙，但与恐龙在同一时期生活，并在第五次生物大灭绝（白垩纪大灭绝）中灭绝

形态 海王龙体型较大，身体细长，体长15～17米，体重约10吨。头部较小，前上颌骨略有些延长，且呈圆筒状，上颌骨和齿骨上具有12颗或更多牙齿，十分尖利。颈部较短，身躯呈流线型。四肢特化为鳍脚，鳍脚呈桨状。尾巴较长，呈桨状，但没有形成明显的尾鳍。

习性 **活动：** 通过鳍脚和桨状大尾巴在水中快速敏捷地游动，常活动在浅水域和沿岸附近。**食性：** 肉食性，取食范围十分广泛，常以各种鱼类、滑齿龙、小型沧龙类、蛇颈龙类及无法飞行的潜水鸟类等为食。**生活史：** 目前的研究结果表明，它和恐龙一样，通过产卵方式繁殖；繁殖期，通常在沿岸附近筑巢产卵，但是否哺育后代，目前尚无明确证据。

科属：沧龙科，海王龙属 | 学名：Tylosaurus Marsh

物种 1869年，科普根据前一年在堪萨斯州西部发现的零碎头骨与3节脊椎骨，提议将这块化石命名为"Macrosaurus proriger"，目前存放于哈佛大学比较动物学博物馆内；一年后，他又重新更详细地描述了这块化石，将它归类于英国的沧龙类平齿蜥。1872年，科普的竞争对手马什发现一个更完整的化石，命名了一个新的属即"海王龙属（Rhinosaurus）"，但这个名称被证实已经登记在案，科普建议以Rhamposaurus来取代Rhinosaurus，但这个名称也被抢先使用；所以，马什1872年确立了海王龙（Tylosaurus）这个名称。1911年，C.D.Bunker在靠近堪萨斯州华勒斯发现了一个巨大海王龙化石，这是目前发现过的最大海王龙化石之一。人们通过对这些化石的研究，最终确定了海王龙的形态特征、生理习性和社会行为等方面的信息。

常被误认为是恐龙的一种，经常出现在一些关于恐龙的科普读物中，它还出现在IOS开发的游戏《侏罗纪世界》中

别名：瘤龙、节龙 | 分布：堪萨斯州、阿拉巴马州、内布拉斯加州、新西兰等

古海龟 Ancient sea turtles

生活年代：距今约7500万～6500万年前的白垩世晚期

古海龟是个慢性子，经常悠闲地漂游在浩瀚无际的海面上，在漂游过程中，看到什么就吃什么，一点都不挑食。它的鳍脚十分巨大，可以长时间地在海面上游动，在漂游过程中，它也绝不会孤独。它那巨大的尺寸不仅吸引着成群幼年鱼类，还吸引了藤壶和寄生虫。

形态 古海龟体型巨大，体长约4.6米，长度与一辆汽车相当；体重约1.2吨，身上没有沉重的龟甲贝壳，只有一些骨架，覆盖着一层厚实坚硬的皮肤，看上去类似于皮革。头部较小，喙里没有牙齿，上下颌骨较薄；鳍脚巨大而宽厚，呈桨状。尾巴较短小。

习性 **活动：**鳍脚巨大，可以在水中快速游动，一般不会快速游动，经常在海面上漫无目的地缓慢漂游，可长时间在海面上游行。**食性：**杂食性，取食范围十分广泛，常以各种漂浮在海面上的生物为食，如鱼类、水母、腐肉和植物等，偶尔也以海底贝类为食。**生活史：**目前的研究结果表明，它和现代海龟一样，常夜间在沿岸附近的沙滩上产卵，产卵结束后成体古海龟会用沙土将卵掩埋，以防敌人掠食；经一段时间后，卵可以孵化为小古海龟，幼年古海龟会跟随父母回到海域中生活。古海龟寿命非常长，平均在100岁以上。

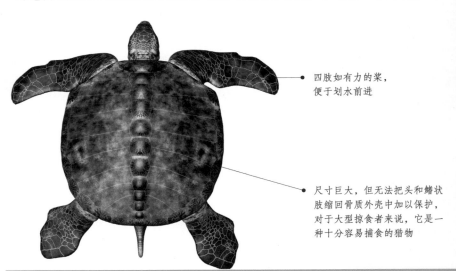

四肢如有力的桨，便于划水前进

尺寸巨大，但无法把头和鳍状肢缩回骨质外壳中加以保护，对于大型掠食者来说，它是一种十分容易捕食的猎物

科属：海龟科，帝龟属 | 学名：Archelon Archelon

物种 目前发现的古海龟化石非常少，对它的研究不是十分完善。1895年，维兰德博士在美国达科他州发现了古海龟的第一块化石，在当时非常有名，一方面是因为它非常巨大，另一方面也因为它缺少了右后足，古生物学家推测可能是被某种巨大的掠食者咬掉了。19世纪70年代，人们在美国南达科他州发现了目前为止最大的古海龟化石，长度在4.1米以上，鳍状肢之间距离宽约4.9米。之后，人们发现的化石均为一些古海龟骨骼碎片，目前还需要发掘更多化石，以期更加深入地了解古海龟这种已经灭绝了的史前生物。

偶尔出现在一些关于史前动物的科普读物或影视作品中；它曾出现在IOS开发的游戏《侏罗纪世界》中

别名：古巨龟、恐龟、拟龟、祖龟 | 分布：北美洲

龙王龙 Dragon king of Hogwarts

生活年代： *距今约6600万年前的白垩世晚期*

口鼻较长

龙王龙的长相十分丑陋，头部上面长了一层厚厚的装甲，有的地方还长了密密麻麻的尖刺和结节。这丑陋的长相时常遭到同伴的"取笑"，但这可是它制敌取胜的法宝。它在与敌人决战过程中需要用"丑陋"的脑袋去狠狠地撞击敌人，这用力的一撞，要么将敌人撞得头破血流，气绝身亡，要么撞得敌人落荒而逃。

形态 龙王龙体型较小，成年个体体长约2.4米。头部扁平，头上覆盖着由大量的皮内成骨形成的装甲，其上具有一些尖刺和结节，面部具有一对发展较好的上颌骨孔；口内牙齿小而锐利，牙冠呈叶状。颈部短而粗壮，呈"S"形或"U形"。身躯不太大，前肢较后肢略短，坚硬的骨质尾巴长而厚重。

习性 **活动：** 二足行走，身体十分敏捷，活动较为迅速，喜欢群集活动。**食性：** 尚存争议，科学家推测它们小而锐利的牙齿可有效地磨碎坚硬、纤维构成的植物，因此常以树叶、种子、水果以及昆虫等混合食物为食。

生活史： 通过产卵方式繁殖；繁殖期，成年雄性个体通过撞头方式决出胜负，胜者与雌性个体交配，交配时，雄性通过喷出精液到雌性恐龙的泄殖腔而使雌性受精，但是否照顾孵出的幼仔，目前尚无明确研究结果。

头颅骨上铺满了小钉角及肿块

科属：厚头龙科，龙王龙属　｜　学名：Dracorex Bakker

物种 迄今为止，只发现了龙王龙的一个完整头骨和四节颈椎，即阿特力士颈椎骨，第三节、第八节及第九节颈椎，这些由三个来自美国艾奥瓦州苏城的业余古生物学家在南达科他州海尔河组发现。其中头颅骨2004年被捐赠给印第安纳儿童博物馆进行研究，由罗伯特·巴克等人2006年进行命名。后来的研究中，很多科学家认为这些发掘出来的龙王龙标本很可能是未成年的肿头龙，基于中间颈椎的骨化情况，研究人员认为它可能已经接近成熟，对于这一推测，还需要更多的化石证据。龙王龙的模式种是霍格华兹龙王龙，名字是为了纪念J·K·罗琳所著的《哈利·波特》中的霍格沃茨魔法学校。

很少出现在大众文化中，只偶尔出现在一些青少年科普文学作品和一些相关影视作品中

别名：不详 ︱ 分布：北美洲

科阿韦拉角龙 Coahuila horn face

生活年代： *距今7250万～7140万年前的白垩纪晚期*

科阿韦拉角龙和其他角龙科恐龙一样，头顶长有极其发达的额角和巨大的头盾，它们十分重要：首先，在与敌人交锋中，巨大坚固的额角可以帮助打退敌人，免遭敌人杀戮；其次，头盾则是炫耀自己和吸引异性的法宝。

拥有角龙类恐龙中的最大型额角

形态 科阿韦拉角龙体型较大，具体体长和身高不详。头上具有一对发达的额角，随着年龄增大而增大，额角长约1.2米；头后的头盾较大，边缘具有一些钉状突起；喙状嘴的前端没有牙齿，颊部具有细小牙齿。前臂的每个手掌都有5根手指，后肢较为粗壮，具蹄状结构，每个脚掌有4指。尾巴长度中等，但十分粗壮。

习性 **活动：** 四足行走，活动较为敏捷，善于行走，常成群活动，白天大部分时间聚集在一起啃食植物，集群式活动可以帮助它们抵御食肉恐龙的进攻。

食性： 草食性，常以蕨类植物的枝叶、苏铁植物、原始开花植物、裸子植物、松柏科植物、银杏等为食。

生活史： 同其他恐龙一样，通过产卵方式繁殖；繁殖期，成年雄性个体可通过头盾来吸引雌性个体与它交配；交配时，雄性通过喷出精液到雌性恐龙的泄殖腔而使雌性受精。

科属：角龙科，阿韦拉角龙属 | 学名：Coahuilaceratops Loewen

物种 科阿韦拉角龙生活的年代地球环境发生了巨大变化，可以开采到的化石非常少，对它的研究并不完善。截至目前，人们只在墨西哥科阿韦拉州的Cerro del Pueblo组地层中发现了两块阿韦拉角龙化石，其中一个标本（标本编号为CPC 276）是一个成年个体的部分身体骨骼以及头颅骨碎片；另一个标本（标本编号为CPS 277）可能是幼年个体标本。2008年，它的模式种首次出现在科学文献中，但并没有对它进行详细描述和命名。2010年，Mark A. Loewen等人对它进行了详细描述并正式命名，使它在学术上获得有效性。

并不经常出现在大众视野中，偶尔出现在一些恐龙科普类图书或影视作品中，如曾出现在崔钟雷的《恐龙帝国·恐龙王国探险》及佀小玲的《巅峰白垩纪−恐龙公园》中

别名：不详 ｜ 分布：墨西哥科阿韦拉州

巨盗龙 Big Stolen lizard

生活年代：距今约8500万年前的白垩纪晚期

巨盗龙虽然不像霸王龙那样出名，但也算是恐龙中的大明星。它出名的原因主要是有"大长腿"，不仅腿长，身材也很苗条，奔跑速度极快，在恐龙世界中"所向披靡"。2012年之前，它是人们发现的体型最大的似鸟类恐龙。

形态 巨盗龙体型中等，成年个体体长可达8米，身高可达5.5米，体重约4吨，浑身覆盖着羽毛。头骨较长，一般超过0.5米；喙状口内没有牙齿，且与下颌骨融合成铲状。颈部较短；相对于其他近亲来说，前肢较长，肱骨向外弯曲程度很大，第一个掌骨非常短，使拇指和其他几根手指相互分离；后肢细长，其上具有大而强烈弯曲的脚趾。尾巴不是很长，前尾椎骨上具有非常长的神经棘，中间部分十分僵硬，后尾椎骨为海绵骨，相对较轻。

习性 **活动：**二足行走，活动起来迅速、敏捷，细长的后腿可使其快速奔跑。**食性：**食性尚不明确。大多数人认为，它可能和其他窃蛋龙类一样是草食性，但也有人认为它奔跑速度极快，在猎食上具有一定优势，可能是肉食性。**生活史：**同其他恐龙一样，通过产卵方式繁殖；交配时，雄性通过喷出精液到雌性恐龙的泄殖腔而使雌性受精，但它们是否像鸟类一样，具有抚育后代的行为，目前尚无明确证据。

长着羽毛，非常近似鸟类，直立高度是人体的两倍多

科属：偷蛋龙科，巨盗龙属　|　学名：Gigantoraptor Xu et al.

物种 2005年，徐星和同事在内蒙古境内挖掘发现一个巨大的类鸟恐龙，是目前为止发现的唯一一块巨盗龙化石。研究发现，它与鸟类具有很多相似的解剖特征，例如有喙嘴而非有牙齿的颌部。目前，虽然没有直接证据显示巨盗龙有羽毛，但徐星等人基于它属于偷蛋龙下目，这个演化支包含了很多有羽毛恐龙，例如尾羽龙、原始祖鸟，而认为巨盗龙可能有羽毛。2007年6月13日，中国科学院古脊椎动物与古人类研究所专家研究确认，2005年在内蒙古自治区二连浩特市发现的一具巨型兽脚类化石是当今世界上最大的似鸟恐龙化石，体长约8.5米，站立高度可达4.9米，体重约1.4吨，属于未成年个体，死亡年龄估计为11岁，预计可以活到18岁，体长将达到11米，身高达到6.15米，体重达到4吨。人们一直认为它是体型最大的长羽毛恐龙，2012年，人们发现了体型比巨盗龙更大的丽羽王龙，打破了这个记录。

奔跑时惊人的速度，使人们在介绍恐龙时，对它另加关注。它不仅是新闻媒体报道的主题，还经常出现在一些科普类图书和影视作品中，如经典纪录片《恐龙革命》等

| 别名：不详 | 分布：中国 |

巨盗龙

无齿翼龙 Toothless lizard

生活年代： *距今约6000万年前的白垩纪晚期*

无齿翼龙是一种会飞的恐龙，躯体非常小，看上去像一种只有一对翅膀的奇怪生物，嘴里一颗牙齿都没有，吃东西时只能整个吞咽。它可能比较"挑食"，科学家发现它仅以鱼类为食。它虽然会飞，但飞行本领却不高超，不能做远距离飞行，只能借助气流做近距离滑翔。

形态 无齿翼龙体型较小，身长约1.8米，体重约20千克，身体表面覆盖有一层皮毛，但没有羽毛；翼展7~9米。头部巨大，头顶有一个大大的骨冠，向后伸出；喙很长，喙状嘴里完全没有牙齿；喉颈部有皮囊。躯干很小。几乎没有尾巴。

雌性翼展略小于雄性

习性 **活动：** 不能长时间振翅飞行，只能借助气流滑行，休息时可能像蝙蝠那样用后肢倒挂在树枝上，也能收拢翅肢在地面作短距离爬行，但在地面移动时采用四足方式还是二足方式，目前尚无明确结论。**食性：** 肉食性，取食范围研尚不明确，目前已知它以鱼类为食。**生活史：** 同其他恐龙一样，通过产卵方式繁殖；繁殖期，雄性会通过头上的冠饰来吸引雌性交配；交配时，雄性通过喷出精液到雌性恐龙的泄殖腔而使雌性受精。

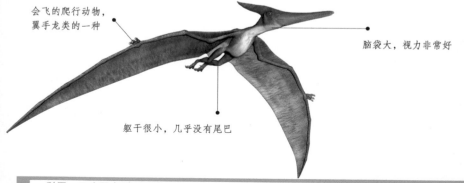

会飞的爬行动物，翼手龙类的一种

脑袋大，视力非常好

躯干很小，几乎没有尾巴

科属：无齿翼龙科，无齿翼龙属 ｜ 学名：Pteranodon Marsh

物种 1970年，Othniel Charles Marsh在北美洲发现了第一块翼龙类化石，包括一些翅膀上的骨骼和一个史前鱼类的牙齿，最初认为这块牙齿属于无齿翼龙；1971年，Othniel Charles Marsh将这块化石命名为"Pterodactylus oweni"，随后发现这个名称1964年已被使用过；同年，他又收集了更多的翼龙类化石，重新命名了他在北美洲发现的这块化石，即"Pterodactylus occidentalis"。同期，Edward Drinker Cope也命名了无齿翼龙属下的两个种。1876年，Marsh团队的Samuel Wendell Williston在美国堪萨斯州发现了一块比较完整的翼龙头颅骨化石，研究发现它没有牙齿，头顶有较长冠饰。Marsh注意到这些特征与在欧洲大陆发现的翼龙大有不同，重新研究了在北美洲发现的所有翼龙类化石，对它们进行了重新分类，最终建立了无齿翼龙属。

算得上"荧幕常客"，曾短暂出现在1997年电影《侏罗纪公园2: 失落的世界》片尾中，它飞行和降落时动感十足，令影迷赞叹。它再次出现在2001年电影《侏罗纪公园3》里，出场镜头很多，却有很多错误，包括：嘴部有牙齿，夸张的侵略性等。在科学上更正确的无齿翼龙出现在《Chased by Dinosaurs》《海底霸王》《远古入侵》等科教电视节目中

别名：不详 | 分布：美国的堪萨斯州、英国

篮尾龙 Wicker tail

生活年代： *距今约9000万年前的白垩纪晚期*

篮尾龙的身材在它生活的那个时代，绝对算不上十分健壮。它要做到自卫，身上一定会有一些可以御敌的武器，那就是那些骨板和尾巴上像篮球一样的尾槌。每当敌人快要追上时，它都会用力地挥动尾巴，使尾槌狠狠地打在敌人脸上，使其倒地，然后自己趁机逃走。

形态 篮尾龙体型中等，身长4～6米，体重约2吨。头部较大，头颅骨长约24厘米，宽约22厘米。颈部短小，其上具有低矮的小型骨板。胸部宽大，呈水桶状。前肢较后肢略长，前肢的手掌上具有五根手指，后肢的脚掌上具有四根脚趾。尾巴上具有一个圆球形的尾槌。

习性 **活动：** 体型较小，四足行走，行动起来灵活、迅速，为躲避敌人的猎杀，常成群聚集在海拔较低的平原取食、活动。**食性：** 植食性，常以较低矮的植物为食，如蕨类、松科植物和苏铁科植物等。**生活史：** 同其他恐龙一样，通过产卵方式繁殖；交配时，雄性通过喷出精液到雌性恐龙的泄殖腔而使雌性受精，但是否会哺育后代，目前尚无明确证据。

甲龙类恐龙，大小接近河马，拥有重型装甲与尾槌

科属：篮尾龙科，篮尾龙属　|　学名：Talarurus Maleev

物种 篮尾龙的模式标本是1948年由前苏联-蒙古考察队在蒙古戈壁沙漠中发现的（标本编号PIN 557–91），原本由Maleev指定的模式标本PIN 557包括了部分头颅骨、数节脊椎骨、肋骨、肩胛骨、肱骨、尺骨和几乎完整的前肢等，后来证实，这些化石实际上来自于6个不同的个体，但通过这些化石，莫斯科古生物研究所的古生物学家们组装出完整的篮尾龙骨骼框架。1975年，前苏联-蒙古考察队发现了标本编号为PIN 3780/1的篮尾龙化石，目前保存在俄罗斯科学院古生物学研究所。2006年开始，韩国和内蒙古开展了恐龙联合考察项目，发现了许多化石，最终归类了了篮尾龙，但这些标本直到2014年也没被命名。科学家目前对篮尾龙的研究尚停留在较浅阶段，需要大量证据来深入研究。

很少出现在大众文化中，目前只出现在迪士尼的动画电影《恐龙》中

别名：不详　|　分布：亚洲的蒙古

美甲龙 Beautiful one

生活年代： *距今约7500万～7000万年前的白垩纪晚期*

美甲龙的长相十分奇特，身上长满了许多尖刺和骨板，乍一看上去，几乎没有一寸皮肤是裸露的，就像一个"穿着铠甲的刺猬"。这种奇特的造型可不是为了吸引别人的注意，这些骨板和尖刺是它御敌的法宝，当敌人靠近时，它会用骨刺狠狠地刺向敌人，还可用尾巴上的尾槌把敌人打得头晕目眩。

形态 美甲龙体型较大，身长约6.6米，体重约2吨，身体两侧具有很长的尖刺。头部较宽广，长约45.5厘米，宽约48厘米，眼睛后面长有三对短而尖的骨刺。背部、臀部及尾部上方按顺序排列着长椭圆形的骨板，具有脊状凸起。四肢、尾巴两侧都长有大型的、末端尖利的骨刺。尾巴末端具有尾槌。

习性 **活动：** 体型较大，四足行走，行动起来十分缓慢、笨拙，为躲避敌人的猎杀，常左右晃动带有尾槌的尾巴以防范袭击者。**食性：** 植食性，常以较低矮的植物为食，如蕨类、松科植物和苏铁科植物等。**生活史：** 同其他恐龙一样，通过产卵方式繁殖；交配时，雄性通过喷出精液到雌性恐龙的泄殖腔而使雌性受精，但是否会哺育后代，目前尚无明确证据。

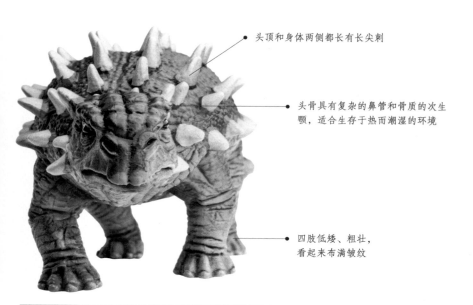

● 头顶和身体两侧都长有长尖刺

● 头骨具有复杂的鼻管和骨质的次生颚，适合生存于热而潮湿的环境

● 四肢低矮、粗壮，看起来布满皱纹

科属：甲龙科，美甲龙属 | 学名：Saichania Maryańska

物种 1970年和1971年，波兰-蒙古探险队在戈壁沙漠发现了甲龙类的化石，1977年，波兰古生物学家Teresa Maryańska发现并命名了美甲龙的模式种"Saichania chulsanensis"；美甲龙的正模标本（标本编号GI SPS 100/151）包括部分头颅骨、7个颈椎骨、10个背椎骨、左肩胛骨及左前肢等，目前，科学家已对这个正模标本做了详尽描述。1998年、2011年和2014年，人们又发现了一些化石标本，根据它们研究了美甲龙的分类、形态特征、生理习性、生活环境等方面的信息。

很少出现在大众文化中，它曾出现在科普类节目《恐龙探秘》中；另外仿造它独特造型的玩具模型也深受小朋友们的喜爱

尾巴末端具有尾槌

别名：赛查龙、梅甲龙 | 分布：亚洲的蒙古、中国

包头龙 Unknown

生活年代： *距今约7640万～7560万年前的白垩纪晚期*

　　甲龙类是些身披重甲的食素恐龙，包头龙更是发展到连眼睑上都披有甲板，真正做到了将整个头部包裹起来。除了从头到尾都被重甲覆盖外，它还配有尖利的骨刺，就像在身上插着匕首一样，还有它那结实得像一根铁棍的尾巴，末端还有沉重的骨锤，遇到大型食肉恐龙的袭击时，它会奋力地挥动着尾棍，用力地抽打袭击者的腿部，将敌人打得非死即残。

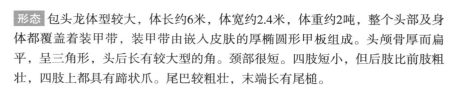

形态　包头龙体型较大，体长约6米，体宽约2.4米，体重约2吨，整个头部及身体都覆盖着装甲带，装甲带由嵌入皮肤的厚椭圆形甲板组成。头颅骨厚而扁平，呈三角形，头后长有较大型的角。颈部很短。四肢短小，但后肢比前肢粗壮，四肢上都具有蹄状爪。尾巴较粗壮，末端长有尾槌。

习性　**活动：** 四足行走，四肢较为灵活，行走时速度一般，成年个体常单独活动，幼年个体常群集活动。**食性：** 植食性，常以低矮植物和块茎为食，如蕨类、松科植物和苏铁科植物等。**生活史：** 通过产卵方式繁殖，繁殖期时，常用四肢在地下挖洞，在洞中筑巢；交配时，雄性通过喷出精液到雌性恐龙的泄殖腔而使雌性受精；受精后的雌性恐龙会在巢中产蛋。

典型特征是有尖刺装甲、身体较低矮，以及有巨大的棍棒尾巴

科属：甲龙科，包头龙属　｜　学名：Euoplocephalus Lambe

物种 1902年，古生物学家劳伦斯·赖博发现了首个包头龙化石标本，后确定为正模标本，命名为"Stereocephalus"，但这个名称已被使用，1910年更名为"Euoplocephalus"，即包头龙。1924年，人们发现了包头龙下的两个种，尾巴的棍棒形状不一样，却有可能属同一物种。

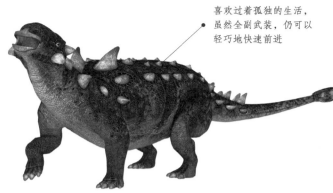

喜欢过着孤独的生活，虽然全副武装，仍可以轻巧地快速前进

之后，在加拿大艾伯塔省及美国蒙大拿州发现了40多个包头龙化石，包括15个头颅骨、牙齿及一个接近完整的骨骼连同重甲，使科学家明确了它的形态特征、生理习性、社会行为等方面的信息。

很少出现在大众文化中，目前它的形象只出现在IOS开发的手机游戏《侏罗纪世界》中

别名：优头甲龙 | 分布：加拿大、中国

绘龙　Plank lizard

生活年代： 距今约8000万～7500万年前的白垩纪晚期

绘龙是甲龙类的一种，是身披铠甲的食素恐龙，身上很多地方也长满了尖刺，以防范图谋不轨的敌人。它比较独特的是鼻孔附近长有蛋圆形孔洞，每一个个体上的孔洞数目略有不同，它们非常神奇，感觉可有可无，到目前为止科学家还没弄清楚这些孔洞的功能。

形态 绘龙的体型中等，体长约5米，体重约1.9吨，身体上具有皮内成骨形成的椭圆形骨板。头颅骨较长，头骨上除了两个鼻孔外还有2～5个额外的蛋圆形孔洞。口鼻部上方长有一个角板；上颌骨上具有14颗牙齿。臀部和尾巴两侧具有很长的向后弯曲的三角形骨刺，尾巴长而粗壮，末端具有骨槌。

习性 **活动：** 四足行走，身体较为灵活，行走时速度不快，成年个体常单独活动，幼年个体常群集活动。**食性：** 植食性，常以半干旱地区的较低矮的植物为食，如蕨类、松科植物和苏铁科植物等。**生活史：** 同其他恐龙一样，通过产卵方式繁殖，繁殖期常用四肢在地下挖洞，然后在洞中筑巢；交配时，雄性通过喷出精液到雌性恐龙的泄殖腔而使雌性受精；受精后的雌性恐龙会在巢中产蛋。

背上有规则地排列着尖刺，可用于对付敌人

科属：甲龙科，绘龙属　｜　学名：Pinacosaurus Lambe

物种 19世纪20年代，美国自然历史
博物馆举办了数次对中亚蒙古戈
壁沙漠的挖掘活动，考察团队
发现了许多古生物化石，其
中有1923年发现的绘龙最初
标本，包括部分压碎的头
颅骨、颚部及真皮骨等。
目前，人们已发现超过15个
绘龙标本，包括一个接近完
整的骨骼、5个头颅骨或部分头
颅骨，以及两个有数只未成年个体挤在
一起的化石。研究发现，1923年发现的绘龙标本属
于谷氏绘龙；1935年，Young在宁夏发现了一个新标本，
命名为新种宁夏绘龙，但现在被认为跟谷氏绘龙是同一个
种；1952年，Maleev以破碎化石命名的徐龙，也被认为是谷
氏绘龙。通过对这些化石的发现和研究，人们对绘龙的分类和进化、形态特
征、生理习性、社会行为等方面的信息了解得更为完善。

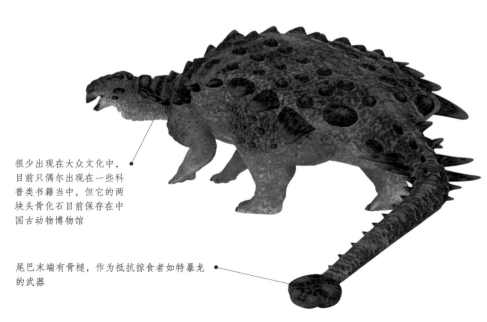

很少出现在大众文化中，
目前只偶尔出现在一些科
普类书籍当中，但它的两
块头骨化石目前保存在中
国古动物博物馆

尾巴末端有骨槌，作为抵抗掠食者如特暴龙
的武器

别名：不详 | 分布：中国

特暴龙　Alarming lizard

生活年代： 距今约7400万～7000万年前的白垩纪晚期

特暴龙在当时生物圈中属于顶级掠食者，高大威猛，看上去一副不可侵犯的样子，一般小型猎物入不了它的法眼。它会挑战一些大型恐龙，威风地将它们打败，将其作为美食。它的学名"Tarbosaurus"，意即"令人害怕的蜥蜴"，可见它在人们心目当中的形象。

形态 特暴龙是最大型的暴龙科动物之一，略小于暴龙，最大个体体长约12米，高约4.2米，体重3～5吨，最大可达7.5吨。颅骨高大，前段狭窄，后段扩张幅度不大，其上具有大型洞孔。颚部有60～64颗牙齿，大部分牙齿横剖面为椭圆形，前上颚骨的牙齿横剖面为D形，上颚骨的牙齿最长；颈部呈"S"状弯曲；前肢较短，后肢长而粗厚，其上具三根脚趾，尾巴长而厚重。

习性 **活动：** 二足恐龙，常用二足行走，运动起来敏捷迅速，可高速奔跑。**食性：** 肉食性，顶级掠食者，可以大型恐龙为食，如鸭嘴龙类的栉龙、蜥脚类的纳摩盖吐龙等。**生活史：** 据推测，雄性可能通过喷出精液到雌性恐龙的泄殖腔进行繁殖，寿命较长，繁殖较慢。

上颌咬住物体时，力量从上颌骨传递到上颌周遭的颅骨

科属：暴龙科，特暴龙属　|　学名：Tarbosaurus Maleev

物种 1946年，前苏联与蒙古挖掘团队在蒙古南戈壁省耐梅盖特组发现一个接近完整的大型头颅骨与一些脊椎骨，这属于一个大型兽脚类恐龙。1948年，该团队又发现其他两块兽脚类头颅骨化石。1955年，前苏联古生物学家叶甫根尼·马列夫将1946年发现的化石作为正模标本，建立为暴龙的一个种，即勇士暴龙，并对这3块化石进行叙述并命名。1963～1971年，波兰与蒙古挖掘团队再度回到戈壁沙漠挖掘，发现了许多新化石，其中有特暴龙的新标本。1979年，董枝明在栾川县发掘到五颗大型牙齿并将具有这种牙齿的恐龙命名为"栾川暴龙"，后来研究把它归入勇士特暴龙，认为它是勇士特暴龙的青年个体。1992年，美国古生物学家肯尼思·卡彭特重新检验了这些化石，根据头颅骨相似处，提出大部分属于暴龙，并将勇士特暴龙改回勇士暴龙，另外，还建立了马列夫龙。1995年，乔治·奥利舍夫斯基建立了勇士成吉思汗龙，取代勇士特暴龙，提出埃夫雷莫夫特暴龙、马列夫龙、勇士成吉思汗龙是三个独立的属，都生存于相同时期的耐梅盖特组。1999年后研究几乎都认为这些化石皆为同种动物，即勇士特暴龙或勇士暴龙。21世纪初加拿大古生物学家菲力·柯尔的挖掘小组发现了许多特暴龙化石，包含超过15个完整和部分的头颅骨化石，但大部分化石都是成年或亚成年个体，很少发现幼年个体。2006年，人们发现了一个幼年个体的身体骨骼，带有完整头颅骨，头部长度约29厘米。与成年个体相比，这个幼年头颅骨的结构虚弱，牙齿较细，幼年个体、成年个体可能分别占据不同的生态位，以免竞争相同的食物来源。

别名：巴氏霸王龙 | 分布：蒙古及中国黑龙江、河南、山东、广东、云南、内蒙古等

霸王龙 Tyrant lizard

生活年代： *距今约6800万～6500万年前的白垩纪晚期*

霸王龙是暴龙科中体型最大的一种，学名"Tyrannosaurus rex"，在希腊文中意即"残暴的蜥蜴"，是世界上知名度最高的恐龙之一。其中大家最熟悉的电影《侏罗纪世界》中便有它的身影，它和"大反派"杂交恐龙——暴虐霸王龙大战了三百个回合，然后在海里的霸主沧龙的帮助下杀死了暴虐霸王龙，电影的最后霸王龙仰天怒吼的场景着实令人回味，仿佛在宣誓自己的威严，又或者有其他深意。

形态 霸王龙体型较大，体长约12.3米，高约3.66米，体重8.4～14吨。头部粗壮宽大，头颅骨长1.45米，其上有大孔洞。上颌宽下颌窄，口内牙齿较长，上颌牙齿的横截面呈"D"形。颈部短而粗壮，呈"S"形弯曲。前肢非常细小，大多数个体前肢长度约80厘米，长度只有后肢的22%，其上只有2根手指。尾巴长而粗壮。

习性 **活动：** 二足恐龙常用二足行走，运动起来敏捷迅速，可高速奔跑，每小时速度可达30英里。**食性：** 肉食性，居于白垩纪晚期食物链顶端，当时北美洲各种恐龙大都可以成为它的捕猎对象，但它常以较大型的恐龙为食。**生活史：** 目前研究表明，霸王龙雌雄异形，繁殖期雌性体内存在髓质组织，这种髓质组织是钙质的来源，可在产卵期制造蛋壳。繁殖时雄性通过喷出精液到雌性恐龙的泄殖腔进行繁殖，但是否会照顾后代目前尚无明确证据。寿命最长为28岁。

牙齿长约30.5厘米，呈圆锥状

科属：暴龙科，暴龙属 | 学名：Tyrannosaurus rex Osborn

物种 1902年，霸王龙正模标本被美国一位恐龙化石采集家巴纳姆·布朗在美国蒙大拿州黑尔溪发现，1905年出土，包含大部分头骨、脊椎骨、肋骨、尾椎骨、肩胛骨、肱骨、骨盆及后肢股骨、胫骨等，其中肱骨让科学家了解到霸王龙的前肢十分短小。1966年，Harley Garbani和几位业余古生物学家在蒙大拿州加菲尔德县发现了标本编号为LACM 23844的霸王龙化石，是目前最大的纤细型霸王龙，牙齿是霸王龙化石里面最大的。1987年春，一位业余古生物学家史丹·萨克理森在南达科他州发现了编号BHI 3033的霸王龙化石，昵称"斯坦"，是第二完整霸王龙化石；他在"斯坦"上发现许多非致命性伤口，但"斯坦"并非因这些伤口而死，它目前存放于菲尔德自然历史博物馆。1990年8月，Susan和Hendrickson在南达科他州发现了标本编号为FNMH PR 2081的化石，昵称"苏"，包括219块骨头，完整度达73%以上，是目前最完整的的霸王龙化石，也是体型最大的。2000年，Bob Harmon在蒙大拿州加菲尔德县发现了编号为MOR1125的化石，包括111快骨头，完整度达37%，股骨中发现了髓质组织，是雌性鸟类产卵需要的元素，为繁殖提供了新证据。

别名：雷克斯龙、雷克斯暴龙 ｜ 分布：美国、加拿大、新墨西哥州

霸王龙

短冠龙 Short-crested lizard

生活年代： *距今约7500万年前的白垩纪晚期*

短冠龙长得十分粗大，身体形态和其他鸭嘴龙科差不多，常被人们称作"鸭嘴龙类中的叛徒"。它虽然长相和其他鸭嘴龙科差不多，但鸭嘴龙科头冠都是中空的，它偏偏特立独行，长了个实心头冠，真让人觉得有些不合群。

形态 短冠龙体型较大，平均体长约9米，最大体长约11米，体重可达7吨，平均身高约1.8米。头部较小，头顶具有像船桨一样扁平的冠饰，从后脑向前延伸，与其他鸭嘴龙类不同，它的头冠是实心的，有些成年个体冠饰可几乎覆盖住头顶。上颌骨宽大，口内具有100多颗牙齿，牙齿呈钻石形。颈部微长。前肢几乎与后肢等长，手掌具5根手指；后肢较粗壮，脚趾上没有锋利的爪。尾巴长而粗壮。

习性 **活动：** 可以二足行走，也可以四足行走，快速奔跑时常采用二足方式，取食时常采用四足站立姿势，远距离迁徙时常集群活动。**食性：** 草食性，口内牙齿极多且更新较快，常用喙状嘴来咬断植物的细枝、树叶、果实及松针，放入后面成排的牙齿间咀嚼。**生活史：** 目前研究表明，短冠龙同其他恐龙一样，通过产卵方式进行繁殖；繁殖期成年恐龙常在海拔较高的山地筑巢，交配时雄性通过喷出精液到雌性恐龙的泄殖腔进行繁殖。

典型特征是骨冠，即在头颅骨上形成一个平板，有些个体的头冠面积大，其他个体的头冠短而狭窄

科属：鸭嘴龙科，短冠龙属 | 学名：Brachylophosaurus Sternberg

物种 1936年，人们在加拿大艾伯塔省老人地层发现了短冠龙的第一块化石，包括一个头颅骨及部分骨骼，当时被看作属于格里芬龙。1953年，查尔斯·斯腾伯格对它进行命名和描述，提出它属于短冠龙属的一个种。1988年，杰克·霍纳描述了在美国蒙大拿州朱迪斯河组发现的第二个物种，称它为"优短冠龙"；根据2005年艾伯特的研究结果表明，他认为这两个种之间没有足够的差异，尤其是头骨，所以优短冠龙不能成为第二个物种。2000年，业余古生物学家奈特·墨菲发现了一副关节完全连接的未成年短冠龙骨骼，部分被木乃伊化，被称为"Leonardo"，是目前为止最壮观的恐龙木乃伊发现之一，被列入吉尼斯世界纪录大全；之后，他又发掘出一副几乎完整的骨骼，被称为"Roberta"，及一个保存皮肤轮廓的部分幼龙骨骼，被称为"Peanut"。

几乎没有出现在大众文化中，目前已知它曾出现在网络游戏《夺命侏罗纪》和益智游戏《组装短冠龙机器人》中

前肢比较长

别名：不详 | 分布：美国、加拿大

慈母龙 Good mother lizard

生活年代： *距今约8000万～6500万年前的白垩纪晚期*

大多数科学家认为，恐龙和今天的爬行动物一样，生下蛋就走开，不太管"孩子"的死活，慈母龙却例外，它们会非常细心地照顾产下的蛋和孵化出的幼仔，常会将食物带回巢内喂食幼仔，或带它们到巢外觅食再回到窝巢。人们根据这一特点将它命名为"慈母龙"。

形态 慈母龙体型大，身长6～9米，体重约2吨。眼睛前方有小型、尖状的冠饰。和典型的鸭嘴龙科一样，它具有平坦的喙状嘴，长约30厘米，喙里没有牙齿，但嘴的两边有牙齿。鼻部厚壮。前肢较后肢略短些。尾巴长而粗壮。

习性 **活动：** 既可以二足行走，也可以四足行走，快速奔跑时采用二足方式，取食时常采用四足站立的姿势，喜欢集群活动。**食性：** 草食性，口内牙齿极多且更新较快，常用喙状嘴来咬断植物的细枝、树叶、果实及松针，放入后面成排的牙齿间咀嚼。**生活史：** 同其他恐龙一样，通过产卵方式进行繁殖；繁殖期，成年恐龙通常会在地下挖出一个圆盘大小的坑，将巢筑在地下；交配时，雄性通过喷出精液到雌性恐龙的泄殖腔进行繁殖；每只雌恐龙可产18～40枚蛋，成年恐龙会细心地照顾产下的蛋，尤其是雌性，会卧在蛋上使其保持温暖，还会照顾刚刚孵出的恐龙幼仔，直到它们可以独立生活为止。

学名"Maiasaura"意即"好妈妈蜥蜴"

前腿比后腿短，走路时用四条腿，跑步时用两条腿，跑得很快

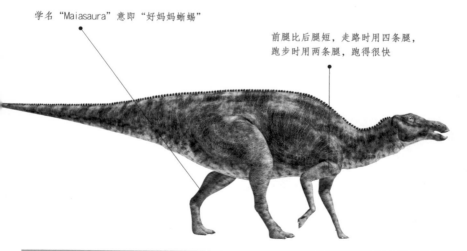

科属：鸭嘴龙科，慈母龙属 ｜ 学名：Maiasaura Horner & Makela

物种 1979年，Laurie Trexler发现了慈母龙的第一块化石（标本编号PU 22405），古生物学家Jack Horner 和 Robert Makela进行了描述和命名，这是巨型恐龙孵育它们的幼年体的第一个证据。1978～1988年，Jack Horner与Robert Makela在蛋山进行了艰苦的发掘和研究工作，发现了数种恐龙巢穴、恐龙蛋和待哺育的幼龙化石，完成了恐龙筑巢以及亲子行为的研究，发现慈母龙不仅对自己的产下的蛋照顾得十分细心，还对幼仔呵护有加，常列队外出取食，大恐龙在两侧，小恐龙在中间，很好地保护小恐龙免受伤害。

脸看着像是鸭子的脸；拥有典型鸭嘴龙科的平坦喙状嘴，喙里没有牙，但是嘴的两边有牙

慈母龙几乎没有出现在大众文化中，偶尔出现在一些科普类影视作品当中，如《恐龙时代》等

别名：不详 | 分布：美国蒙大拿州、加拿大

山东龙 Shandong Lizard

生活年代： *距今约1.4亿～6500万年前的白垩纪晚期*

山东龙生活在白垩纪晚期的中国山东，身材十分巨大，长相十分吓人，大嘴里面长了1500颗细小牙齿，有时候可以发出可怕的声音，当时很多猎食者都对它望而却步。实际上，它的性格很温顺，喜欢吃素，并非肉食动物。

形态 山东龙体型较大，身长约14.7米，目前最大个体身长16.6米，体重约16吨。头颅骨较长，约1.63米；喙状嘴上没有牙齿，颌部有1500颗细小的咀嚼用牙齿；鼻孔附近有个由宽松垂下物所覆盖的洞。前肢较后肢略短些，后肢较粗壮，尾巴长而粗壮，几乎可达身长的一半。

习性 **活动：** 既可以二足行走，也可以四足行走，快速奔跑时采用二足方式，取食时常采用四足站立的姿势。**食性：** 植食性，口内牙齿极多且更新较快，常用喙状嘴来咬断植物的细枝、树叶、果实及松针，放入后面成排的牙齿间咀嚼。**生活史：** 目前研究表明，山东龙同其他恐龙一样，通过产卵方式进行繁殖，交配时，雄性通过喷出精液到雌性恐龙的泄殖腔进行繁殖。

尾巴特别长，几乎占全身的一半长，形状粗重且扁平，直立行走时这根尾巴就被举在身后，帮助平衡身体

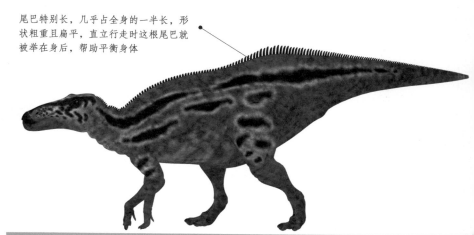

科属：鸭嘴龙科，山东龙属 | 学名：Shantungosaurus Hu

物种 山东诸城的当地居民曾在溪涧捡到许多骨骼化石，习惯将这些化石称作"龙骨"。1964～1967年，北京地质博物馆组队前往该处进行挖掘，发现了一具完整的山东龙骨骼化石，总长约14.72米，有一个欣长、低窄的头颅，齿列总计有60～63个齿槽，牙齿构造与埃德蒙顿龙极为近似。除了牙齿，中国古生物学家还发现山东龙与埃德蒙顿龙有许多共同特征，两者可能属于一个演化支。2007年，人们叙述并命名了巨大诸城龙，化石来自于数个个体，包含头颅骨、四肢骨头和脊椎。2011年，研究发现山东龙、诸城龙其实只是处于不同生长阶段的同种动物。

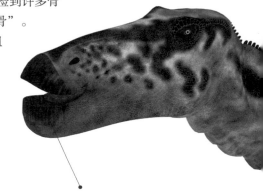

嘴喙状，没有牙齿，牙齿在颌部，较细小，用于咀嚼

几乎没有出现在大众文化中，它的一个十分完整的复原装架曾在北京地质博物馆进行展览，获得了广大参观者的好评

别名：不详 | 分布：中国山东诸城

栉龙 Lizard crest

***生活年代：**距今约7000万～6850万年前的白垩纪晚期麦斯里希特阶*

栉龙体型巨大，长相奇特，头部看上去就像带了一个倾斜的"皇冠"——其实并非为了美观，而是有很多非常重要的功能。目前，人们知道这"皇冠"可以使它们发出的声音变得更加尖厉，让敌人听了望而却步。栉龙的性格很温顺，喜欢吃素，不喜欢猎杀其他生物作为美食。

形态 栉龙体型较大，体长约9米，体重约1.9吨。头颅骨较长，约1米，从头顶部向后倾斜着一个骨质尖刺，尖端十分坚硬。鸣叫时，它可以把尖刺吹得像气球一样鼓，幼年个体的骨质尖刺较小；喙状嘴上没有牙齿，颌部有许多细小的咀嚼用牙齿。前肢较后肢略短些，后肢较为粗壮。尾巴长而粗壮，长度几乎可达全身长度的一半。

习性 活动：可以二足行走，也可以四足行走，白天十分活跃，累了只做短暂的休息，常采用二足方式快速奔跑，四足方式取食。**食性**：草食性，口内牙齿极多且更新较快，常用喙状嘴来咬断植物的细枝、树叶、果实及松针，放入后面成排的牙齿间咀嚼。**生活史**：目前研究表明，栉龙同其他恐龙一样，通过产卵方式进行繁殖，交配时，雄性通过喷出精液到雌性恐龙的泄殖腔进行繁殖。

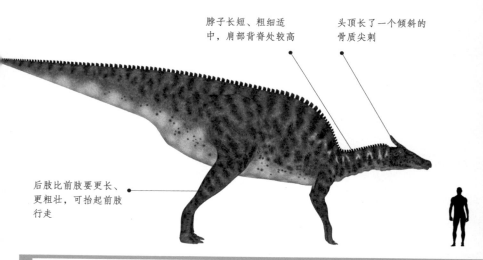

脖子长短、粗细适中，肩部背脊处较高

头顶长了一个倾斜的骨质尖刺

后肢比前肢要更长、更粗壮，可抬起前肢行走

科属：鸭嘴龙科，栉龙属　|　学名：Saurolophus Brown

物种 1911年，Barnum Brown描述了人们在加拿大发现的第一块栉龙化石标本（标本编号AMNH5220），包括了栉龙几乎所有的骨骼。之后很多年，人们在北美洲再也没有发现它的化石，在亚洲却发现了很多相关化石，如在中国黑龙江，人们发现了它的部分骨骼。1946～1949年，俄罗斯-内蒙古探险队发现了一块大的栉龙化石，由Anatoly Rozhdestvensky进行描述；人们在亚洲其他地区还发现了处于不同生长阶段的栉龙化石。进入20世纪后，人们开始主要研究它的分类和进化。

有时出现在大众文化中，如曾出现在许多影视作品中，最出名的要数1988年的动画电影《历险小恐龙》和日本动漫《王者恐龙王》了

别名：不详 | 分布：北美洲、亚洲

克氏龙 Unknown

生活年代： *距今约1亿～9000万年前的白垩纪晚期*

克氏龙是甲龙类的一种，是身披"铠甲"的食素恐龙，平时散步时会左右晃动尾巴，看上去一副高傲的样子。只要敌人一靠近，它便狠狠地挥动大尾巴，将重重的尾槌狠狠地打在敌人身上，使敌人落荒而逃。

形态 目前发现的克氏龙标本较少，对它形态上的研究尚不完善。目前研究表明，它是一种体型较小的甲龙类，体长2.5～3米；下颌骨较低，外侧无骨甲覆盖；牙齿较小，齿冠上有垂直棱嵴和边缘小齿，齿环发育不全；颈部有愈合的颈甲板，其上的膜质骨甲形态多样；尾巴两侧有对称排列的甲骨，末端的椎体相连成棒状。

习性 **活动：** 身体娇小灵活，四足行走，平时速度不是很快，奔跑速度较快。成年个体常单独活动，幼年个体常群集活动。**食性：** 植食性，身材矮小，下颌骨低，常以低矮的植物为食，如蕨类、松科植物和苏铁科植物等。**生活史：** 同其他恐龙一样，通过产卵方式繁殖，繁殖期常用四肢在地下挖洞，然后在洞中筑巢；交配时，雄性通过喷出精液到雌性恐龙的泄殖腔而使雌性受精；受精后的雌性恐龙会在巢中产蛋。

体型敦实，身体圆滚滚的，背上有两列醒目的骨突，四肢较短，尾巴长度适中至尖端渐细

科属：甲龙科，克氏龙属 | 学名：Crichtonsaurus Dong

物种 目前发现的克氏龙化石标本较少，第一块化石1999年在中国辽宁省北票市发现，包括有3枚牙齿的下颌骨和一些颈椎、脊椎、荐椎和部分肢骨以及破碎的甲板等；2002年，中国科学院古脊椎动物与古人类研究所研究员董枝明在2002年第四期《古脊椎动物学报》上对它进行命名，报道了它的模式种"步氏克氏龙"。科学家认为，步氏克氏龙的发现，对探讨辽宁北票地区晚中生代地层划分和时代归宿，以及对甲龙类系统演化和地理分布有重要意义。之后，科学家又发现了两块化石，标本编号分别为IVPP V12746和LPM 101，前者的化石包括两节颈椎和一些背椎，后者的化石包括一部分颅后骨、七节尾椎、肩胛骨、乌喙骨、肱骨、股骨及脚骨等。2014年，Victoria Megan Arbour指出，包括它的正模标本在内的化石标本均不包括其身上覆盖的甲骨，所以认为这些种均为无效种。

我国境内发现的恐龙之一，它的模式种是"步氏克氏龙"，属名克氏龙是为了纪念著名科幻作家、电影《侏罗纪公园》作者迈克尔·克赖顿；种名步氏是为了纪念为中国古脊椎动物学研究作出重大贡献的瑞典古生物学家步林

尾巴末端有一个类似于铁棍的尾槌

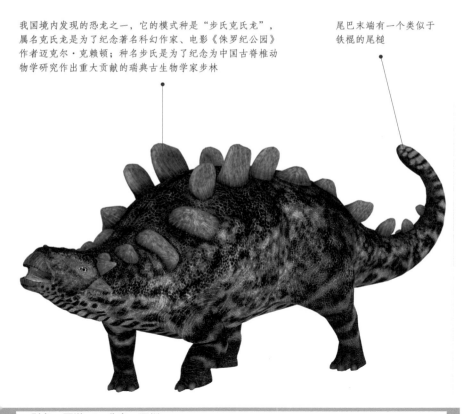

别名：不详 | 分布：亚洲

五角龙　Five-horned face

生活年代：距今约7579万～7300万年前的白垩纪晚期

五角龙长相十分奇特，鼻子和眼睛附近长了五个角，其中三个大而明显；颈部有一个非常大的中空盾板，看上去像一把大扇子，外强中空，在抵御敌人时根本起不了太大作用，只能吓唬敌人。

形态　五角龙体型较大，身长约8米，体重约5500千克。头部较大，头颅骨长约2.3米，头上具有五个角，眉拱上有2只很大的角，鼻拱上只有1只较短小的直角，两眼下方各具一只角，后来证实是拉长了的颧骨，颧骨长约3米。颈部上方有中空的盾板。身躯十分粗壮，背椎上具有高大的神经棘突。尾巴较短，末端很尖。

习性　**活动：**身体粗壮，四足行走，走起路来缓慢、笨拙，常在树木较多的平原活动。**食性：**植食性，常以生活在同时代的植物枝叶和果实为食，取食距离地面2～4米的植物。**生活史：**同其他恐龙一样，通过产卵方式繁殖，繁殖期雄性常通过颈部的盾板来吸引雌性；交配时，雄性通过喷出精液到雌性恐龙的泄殖腔而使雌性受精。

五根角除了两根额角与一根鼻角外，还有眼睛下侧的尖刺

科属：角龙科，五角龙属　|　学名：Pentaceratops Osborn

物种 五角龙的第一个化石由查尔斯·斯腾伯格于新墨西哥州圣胡安盆地发现，由亨利·费尔费尔德·奥斯本1923年叙述、命名，种名取为sternbergii，以纪念发现者斯腾伯格。之后，大部分化石均在新墨西哥州圣胡安盆地发现。1930年，卡尔·维曼命名并叙述了第二个种，即"孔五角龙"，后来发现它与斯氏五角龙是同一种动物。2006年，美国科罗拉多州发现了更多五角龙化石，依旧全被归类到斯氏五角龙。由于截至目前发现的五角龙化石并不是很多，且比较单一，所以对五角龙的分类及生理方面的特征等了解得尚不全面，进一步证据有待发掘。

拉丁文意为"五角脸"，拥有中空的颈部盾板，但不够坚固，只能威吓敌人或如孔雀尾部用来求偶用

很少出现在大众文化之中，偶尔出现在一些科普类书籍当中，目前它的骨骼框架展览于加拿大自然博物馆

别名：不详 | 分布：美国新墨西哥州

双角龙 Insufficient horned face

生活年代： *距今约6700万～6600万年前的白垩纪晚期*

双角龙长相十分奇特，长了两个大角，算是很凶猛的植食性恐龙。除了和很多孔龙一样地盘意识较强外，它的脾气还很差，一点小事都会发很大的脾气，生气时喜欢吼叫来宣泄情绪，嗓门非常大，吼声能传到百里之外，让人听了不寒而栗。实际上，它并没有什么真本事，颈部的盾板是用来吓唬人的，真要和敌人打起来，估计用不了几个回合就会被打败。

曾出现在日本著名动漫《古代王者恐龙王》中，在一些网络游戏当中也常作为怪物出现

形态 双角龙体型较大，身长约7.8米，体重约30吨。头部较大，头颅骨长约1.8米；面部较短，眉拱上有2只大角。颈部短粗，上方具有中空盾板；身躯十分粗壮，背椎上具有高大的神经棘突。尾巴较短，末端很尖，且有些上扬。

习性 **活动：** 四足行走，身体粗壮，走起路来缓慢、笨拙，常在沙漠或岩石较多的地方活动。**食性：** 植食性，常以生活在同时代的植物枝叶和果实为食，如蕨类植物、苏铁植物及针叶树等。**生活史：** 同其他恐龙一样，通过产卵方式繁殖，繁殖期雄性常通过颈部盾板来吸引雌性；交配时，雄性通过喷出精液到雌性恐龙的泄殖腔而使雌性受精。

头颅骨较大，面部较短，
头盾有大型洞孔

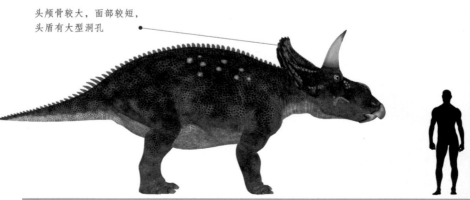

科属：角龙科、双角龙属 ｜ 学名：Diceratops Ukrainsky

物种 1905年，古生物学家理察·史旺·鲁尔在美国怀俄明州兰斯组发现一具保存较差的头颅骨，命名为"海氏双角龙"，但鲁尔并不认为双角龙有足够的特征可以成为独立属。之后许多年双角龙都被认为是三角龙的一种。1933年，鲁尔改变想法，将双角龙归类于三角龙的一个亚属，将钝头三角龙归类于双角龙。根据1996年的研究结果，科学家认为双角龙是一个独立属，学名先后为"Diceratops""Diceratus"，但都被其他动物使用，直到2007年，双角龙才被正式定名为"Nedoceratops"。2010年，杰克·霍纳与约翰·斯堪那拉认为双角龙并非一个独立属，提出牛角龙是三角龙的成年个体，双角龙是两者的过渡阶段，双角龙的唯一头颅骨其实是三角龙从短头盾、无洞孔，演化至长头盾、双洞孔的某个年龄阶段。2011年，Andrew Farke提出反对意见，认为这个头颅骨有足够差异，应该是独立属。2013年，Leonardo Maiorino和同事通过对所发现的骨骼化石进行形态测定，最终确定了三角龙与双角龙之间有显著差异，应属于不同种属，至此，最终确定了双角龙的分类地位。

别名：不详 | 分布：美国怀俄明州

253

双角龙

厚鼻龙 Thick-nosed lizard

生活年代： *距今约7350万～6900万年前的白垩纪晚期*

厚鼻龙长相十分奇特，头部看起来"奇形怪状"的：首先，有一个形状不规则的头盾，后面有两个向前伸展的角，再就是鼻子，上面有一个巨大的隆起物，看上去像被别人打"肿"了。人们根据这一特点，将它命名为"厚鼻龙"。但它的这个厚厚鼻子可是御敌的法宝，有敌人来犯时，会用鼻子狠狠地顶撞敌人，直到将敌人打得落荒而逃。

形态 厚鼻龙体型较大，身长约8米，体重约4吨。头部较大，其上具有头盾，形状与大小随着个体而不同，头盾后方有一对向上方延伸的角；鼻部上有巨大、平坦的隆起物；牙齿较大，且十分尖锐。颈部短粗。身躯十分粗壮，四肢较粗壮且几乎等长。

习性 **活动：** 身体粗壮，四足行走，走起路来缓慢、笨拙，常在江、河、湖泊沿岸附近进行活动。**食性：** 植食性，常以富含纤维的植物枝叶和果实为食，如蕨类植物、苏铁植物及针叶树等。**生活史：** 同其他恐龙一样，通过产卵方式繁殖，繁殖期雄性常通过头盾来吸引异性，并用鼻部的隆起进行种内斗争，获胜一方才可以与雌性交配。交配时，雄性通过喷出精液到雌性恐龙的泄殖腔而使雌性受精；成年恐龙会细心照顾自己的后代，直到小恐龙可以独立取食、活动。

意为"有厚鼻的蜥蜴"，头颅骨的鼻部上有巨大、平坦的隆起物而非角状物

科属：角龙科，厚鼻龙属 | 学名：Pachyrhinosaurus Sternberg

物种 1950年，查尔斯·斯腾伯格在加拿大阿伯塔省发现了厚
鼻龙的第一个化石标本，同年进行命名，将它确定为厚鼻龙
的模式种，即"加拿大厚鼻龙"。目前，在阿伯塔省与
阿拉斯加州已发现12个部分头颅骨，直到19世纪80年
代才开始研究。1972年，Al Lakusta在阿伯塔省烟斗
石溪河畔发现一个大型尸骨层，在加拿大皇家蒂
勒尔博物馆的协助下，1986～1989年进行挖掘，
发现了大量骨骼，总共有3500个骨头和14个头
颅骨。研究发现，这群化石中有四个明显年龄
层，即从幼年体到完全成年体，科学家推测厚
鼻龙有照顾后代的行为。2008年，菲力·柯尔在
一份专题论文中详述了这些出土于烟斗石溪河畔的
厚鼻龙，将它们列为厚鼻龙的第二个种，即"拉库斯塔
厚鼻龙"。

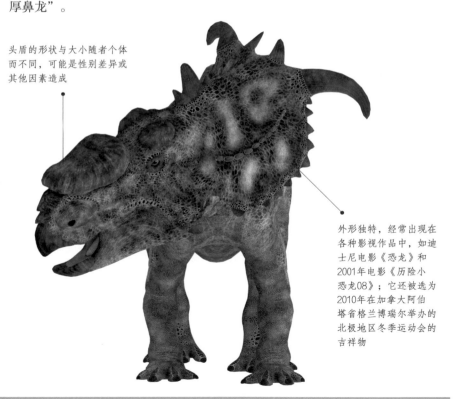

头盾的形状与大小随者个体
而不同，可能是性别差异或
其他因素造成

外形独特，经常出现在
各种影视作品中，如迪
士尼电影《恐龙》和
2001年电影《历险小
恐龙08》；它还被选为
2010年在加拿大阿伯
塔省格兰博瑞尔举办的
北极地区冬季运动会的
吉祥物

别名：不详 | 分布：美国的蒙大拿州、加拿大的东部

三角龙　Three-horned face

生活年代： *距今约6800万～6600万年前的白垩纪晚期*

　　三角龙长相十分独特，头颅巨大，号称是所有陆地动物中最大的，眼睛和鼻子上方都有一根长长的角。它体型非常健壮，加上浑厚的皮肤和坚硬的角、头盾，攻击力一跃成为白垩纪最强的草食恐龙之一，即使凶猛的霸王龙也不敢轻易捕食它们。

　形态　三角龙体型中等，体长6～8米，高2.4～2.8米，体重5～10吨。头部较大，其上有较大的头盾，长可达1.5米。眼睛及口鼻部的鼻孔上方均有一根角状物，长约80厘米。四肢均短小，前脚掌有五根较短的脚趾，后脚掌则有四根较短的脚趾。尾巴长而粗壮。

　习性　**活动：** 活动迅猛有力，对其行走和取食姿势存在着争议，大多数人认为它在正常行走时保持着直立姿势，在抵抗敌人或进食时采取四肢伸展姿态。**食性：** 植食性，常用头角、喙状嘴或身体撞倒较高的植被，以方便取食；常以棕榈科植物和苏铁为食。**生活史：** 同其他恐龙一样，通过产卵方式繁殖，繁殖期雄性常通过头盾来吸引异性，并用头上的角来进行种内斗争，获胜的一方才可以与雌性交配。交配时，雄性通过喷出精液到雌性恐龙的泄殖腔而使雌性受精；成年的雌性恐龙会细心照顾自己的后代，直到小恐龙可以独立取食、活动。

头盾非常大，有三根角状物，令人联想起现代犀牛

科属：角龙科，三角龙属　｜　学名：Triceratops Marsh

物种 1887年，在科罗拉多州丹佛市附近发现了第一个被命名为三角龙的标本，化石由一个头颅骨顶部及附着在上面的一对额角构成，之后，奥塞内尔·查利斯·马什将其命名为"长角北美野牛"。次年，马什根据一些破碎化石，发现了有角恐龙的存在，建立了角龙属，但仍认为长角北美野牛是种上新世的哺乳类。1888年，约翰·贝尔·海彻尔在怀俄明州兰斯组发现了第三个更完整的角龙类头颅骨；马什最初将这块化石叙述成角龙属的另外一个种，但经过熟虑后，他命名为"三角龙（Triceratops）"，将原本的长角北美野牛改归类于角龙的一个种，后来成了三角龙的一个种。随后，在美国蒙大拿州、南达科他州、加拿大亚伯达省及萨克其万省也发现了三角龙化石。通过这些化石，科学家们明确了三角龙的形态特征、生理习性、社会行为等方面的信息。

大家最熟悉的恐龙之一，它是美国南达科他州的官方州化石和怀俄明州的官方州恐龙

别名：碎嘴龙　|　分布：美国新墨西哥州

河神龙 Achelous lizard

生活年代： 距今约7420万年前的白垩纪晚期

河神龙同其他角龙科恐龙一样，都长有一个巨大的头颅，头盾上还长了一对巨大的角，脖子上还长了一圈褶边，褶边的边缘也长了两个小型的角，这些都是它御敌的利器，当有敌人偷袭时，它用大角狠狠地撞击敌人，直到把敌人撞击得头晕目眩，它才借机逃跑。

形态 河神龙体型中等，身长约6米，体重约3吨；头较大，头颅骨长约1.62米，头盾较长，顶端长有两只角；鼻端及眼睛后方有非角状骨质隆起；喙呈钩状，与鹦鹉类似，口内牙齿细小，且排列得十分紧密；颈部直挺，身躯粗壮；尾巴粗壮，常向下挺直。

习性 **活动：** 体型较大，四足行走，行动较为缓慢，部分科学家认为它们常聚集在一起活动、取食。**食性：** 植食性，常以棕榈科植物、苏铁、针叶植物及蕨类植物等为食。**生活史：** 同其他恐龙一样，通过产卵方式繁殖；繁殖期雄性常通过头盾来吸引异性，用头上的角来进行种内斗争，获胜者才可以与雌性交配，交配时，雄性通过喷出精液到雌性恐龙的泄殖腔而使雌性受精；成年恐龙是否会抚育后代，目前尚无明确证据。

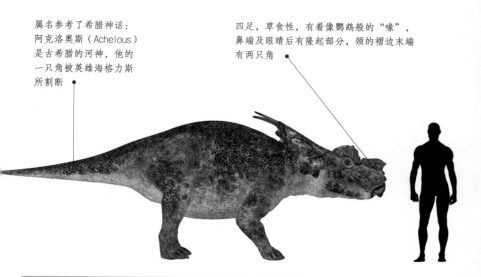

属名参考了希腊神话：阿克洛奥斯（Achelous）是古希腊的河神，他的一只角被英雄海格力斯所割断●

四足，草食性，有着像鹦鹉般的"喙"，鼻端及眼睛后有隆起部分，颈的褶边末端有两只角●

科属：角龙科，河神龙属 | 学名：Achelousaurus Sampson

物种 第一块河神龙化石由美国古生物学家杰克·霍纳在美国蒙大拿州发现，化石位于吐·迈迪逊地层中。为纪念它的发现者，1996年，古生物学家史考特·山普森进行了命名。至今，科学家只从吐·迈迪逊地层发现了三个河神龙的头颅骨及一些颅下骨，所有标本目前都存放在波兹曼洛基山博物馆。早期研究认为，河神龙是有着改良角的野牛龙及没有角的厚鼻龙之间的进化形态。但无论它们是否具有相同血统，至少是近亲，所以被分类在角龙科下尖角龙亚科的厚鼻龙族中。

很少出现在大众文化中，只偶尔出现在一些科普读物和影视作品中，如著名日本动漫《古代王者恐龙王》及科普类节目《与恐龙同行》等

别名：阿奇洛龙 | 分布：北美洲

野牛龙 Buffalo lizard

生活年代： *距今约7450万～7400万年前的白垩纪晚期*

野牛龙长相十分奇特，和其他角龙科恐龙一样，都长有额角。最令人惊奇的要数它的鼻角了，长长的，向前下方弯曲，像现代人用的开盖器一样，但可别小看了它鼻子上的"开盖器"，那可是御敌和争夺配偶的法宝，在角龙的世界里，头上角是至关重要的。

形态 野牛龙体型较小，体长约4.5米，体重约1.3吨。头盾较小，其上有三个皮内成骨形成的小棘；额角低矮，呈三角形；鼻部尖而狭窄。尾巴长而粗壮。

习性 **活动**：体型较大，四足行走，行动起来较为缓慢，常聚集在一起活动、取食。**食性**：植食性，常以苏铁科植物、针叶植物、松科植物及蕨类植物等为食。**生活史**：同其他角龙科恐龙一样，通过产卵方式繁殖，繁殖期雄性常通过头盾来吸引异性，并通过鼻子上的角来进行种内斗争，获胜者才可以与雌性交配；交配时，雄性通过喷出精液到雌性恐龙的泄殖腔而使雌性受精。

成年个体鼻部上方通常会有一个向前下方弯曲的鼻角，形状与开盖器相似

科属：角龙科，爱氏角龙属 | 学名：Einiosaurus Sampson

物种 截至目前，所有野牛龙化石都是在美国蒙大拿州发现的，存放在蒙大拿州洛基山博物馆。这些化石至少包括15头不同年龄的野牛龙化石，包含三个头颅骨，以及发现于两个低密度尸骨层的上百件骨头，都由杰克·霍纳于1985年发现，由洛基山博物馆挖掘队伍在随后4年间陆续挖出。1995年，史考特·山普森对这些化石进行了正式描述及命名，把相同尸骨层的其他化石命名为"河神龙"。人们根据这些骨骼化石，大体上确定了野牛龙的形态特征，通过它的足迹化石最终确认它是一种群居生物，但由于野牛龙头颅骨有几个过渡性特征，目前尚不清楚它在角龙科中的种系发生学地位。

野牛龙很少出现在大众文化中，目前只发现它出现在IOS开发的手机游戏《侏罗纪世界》和《夺命侏罗纪》中

别名：爱氏角龙　｜　分布：美国西北部

戟龙 Piked lizard

生活年代： 距今约7550万～7500万年前的白垩纪晚期坎潘阶

戟龙的长相凶猛，实际上性格十分温顺，还是吃草的素食动物，即使它脾气很好，但当有敌人来犯时，也毫不示弱。它敢于和肉食恐龙对抗，甚至反击霸王龙类，杀伤力也很强，只要是被它的鼻角顶到，一定会有生命危险——很多时候戟龙根本不用参战，只要晃晃满头的尖角就能吓退大多数进攻者。

形态 戟龙体型中等，体长约5.5米，体重约2.7吨；头颅巨大，头盾上较高部位有4～6个长尖角，角长50～55厘米，头盾上较低矮部位长有一些由皮内成骨形成的尖刺；眼睛上方有微小的、未发育完全的眉角；鼻孔较大，鼻子上有高大的角，角长约50厘米；嘴部前方具有缺乏牙齿的喙状嘴，颊齿较为平坦；肩部较为宽广、强壮；臀部有10节愈合的荐椎；每个脚趾均具有蹄状爪；四肢较短；尾巴短而粗壮。

习性 **活动：** 体型较大，四足行走，行动较为缓慢、笨重，常聚集在一起活动、取食，可做远距离迁徙。**食性：** 植食性，常以高度较低的植被为食，也可能用头角、喙状嘴及身体来撞倒较高的植物来取食。

生活史： 同其他角龙科恐龙一样，通过产卵方式繁殖，繁殖期雄性常通过头盾来吸引异性，并通过鼻子上的角来进行种内斗争，获胜者才可以与雌性交配；交配时，雄性通过喷出精液到雌性恐龙的泄殖腔而使雌性受精。

科属：角龙科，戟龙属 | 学名：Styracosaurus Lambe

物种 戟龙的第一个化石由查尔斯·斯腾伯格在加拿大埃布尔达省的恐龙公园组发现，1913年，由劳伦斯·赖博叙述、命名并建立了戟龙第一个种，即埃布尔达戟龙。1915年，任职于纽约美国自然历史博物馆的巴纳姆·布朗与Erich Maren Schlaikjer收集了一个接近完整的骨骸和一个部分头颅骨，也是在恐龙公园组发现的。布朗与 Schlaikjer在比对了这两个发现于同一地点的化石后，认为这些标本与原型标本在外表上有显著不同，建立了新种，即帕克氏戟龙。1935年，皇家安大略博物馆的工作人员重新对恐龙公园组进行考察，发现遗失的下颚与骨骸的大部分化石，据此估计埃布尔达戟龙身长5.5～5.8米，臀高约1.65米；戟龙的第三个种卵圆戟龙是在蒙大拿州双麦迪逊组发现的，由查尔斯·怀特尼·吉尔摩尔1930年叙述。卵圆戟龙的化石材料有限，其中保存最好的是部分颅顶骨。研究发现：它们的头盾接近中央线的一对尖刺向中央线集中；它们头盾上的尖刺较短，最长的仅有29.5厘米。

经常出现在科普读物和影视作品中，如曾出现在日本著名动漫《古代王者恐龙王》和《恐龙世界总动员》中

别名：刺盾角龙 ｜ 分布：亚洲

尖角龙 Pointed lizard

生活年代： *距今约7650万～7550万年前的白垩纪晚期*

尖角龙在角龙科中长得十分漂亮，颈盾色彩亮丽，看上去就像在头上戴了一个漂亮头饰。它的性格也十分温顺，只要没人招惹，是不会主动欺负别人的，但一旦有敌人来犯，它也毫不示弱，会用强壮的鼻角狠狠地撞击敌人，直到将敌人打得落荒而逃。

形态 尖角龙体型中等，身长约6米；头颅骨较大，头盾较长，其上有大型洞孔，且头盾顶端有两个向前的小角；眼睛上方有一对小型的向上弯曲的额角，鼻端有一大型鼻角，但随着物种的不同，鼻角可能向前或向后弯曲；脖子上有一个色彩亮丽的骨质颈盾，颈盾边缘有一些小的波状隆起；四肢和尾巴均短而粗壮。

习性 **活动：** 体型粗壮，四足行走，四肢较短，行动起来较为缓慢、笨重，常聚集在一起活动、取食。**食性：** 植食性，常以苏铁科植物、针叶植物、松科植物及蕨类植物等为食。**生活史：** 同其他角龙科恐龙一样，通过产卵方式繁殖，繁殖期雄性头上色彩亮丽的颈盾会变得更加鲜艳以吸引雌性，并常通过鼻子上的角来进行种内斗争，获胜一方才可以与雌性交配；交配时，雄性通过喷出精液到雌性恐龙的泄殖腔而使雌性受精。

属名在古希腊文意指"尖刺蜥蜴"，指它头盾周围的小型角，而非鼻端上的角

科属：角龙科，尖角龙属 | 学名：Centrosaurus Lambe

物种 尖角龙的第一个化石由劳伦斯·赖博在加拿大埃布尔达省雷德迪尔河组发现，之后在恐龙公园地层组又发现了大量尸骨层，由尖角龙、戟龙的化石构成，但研究发现尖角龙化石的地层、地质年代较戟龙古老，所以推测戟龙在环境改变时期取代了尖角龙。自首次发现有角恐龙之后，它们的角与头盾功能便是争论主题之一，常见理论有抵抗掠食动物的武器、物种内打斗的工具、视觉上的辨识物等。2009年的一份研究，比较了三角龙与尖角龙的颅骨损伤，提出这些损伤应是物种内打斗行为留下的，由抵抗掠食动物造成的可能性较小，且尖角龙的头盾太薄，无法有效抵抗掠食动物；另外尖角龙的颅骨损伤较少，显示头盾与角一般情况下是充当视觉辨识功能。科学家认为，加拿大西部亚伯达省希尔达地区挖掘到的恐龙化石层，可能是全球最大的"恐龙坟场"，表明7600万年前的一场超大暴风雨，把栖息在当地的约1000只尖角龙全部埋藏其中。

尖角龙经常出现在各种科普读物和影视作品中，如曾出现在日本著名动画片《魔动王》和科普类节目《恐龙世界》中

别名：不详 | 分布：北美洲

原角龙 First Horned Face

生活年代：*距今约7500万～7100万年前的白垩纪晚期*

　　原角龙身材娇小，长相可人，并没有长出其他角龙那样千奇百怪的角，但头颅还是很大的。人们认为它是一种非常聪明的恐龙，尤其体现在对后代的抚育上，在照顾后代时常将整个身体覆盖在巢上，以防止敌人偷袭。原角龙的蛋是世界上最早发现的恐龙蛋，这一发现，使它在恐龙界的名气不亚于巨大的雷龙、暴龙。

形态 原角龙体型较小，雄性个体较雌性个体略大，身长约1.8米，肩膀高度约0.6米，成年者体重约180千克。头颅骨较大，头盾大小随着个体不同而相异。眼眶较大，直径约50厘米；鼻孔较小，喙状嘴较大，口内有多列牙齿。四肢较细。尾部较长，其上有较长的棘突。

习性 **活动**：四足行走，四肢短小，走路速度较慢，常聚集一起活动、取食。**食性**：植食性，常以低矮植物的枝叶和多汁茎根为食，如苏铁科植物、松科植物及蕨类植物等。**生活史**：同其他恐龙一样，通过产卵方式繁殖，繁殖期雄性通过头盾吸引雌性；交配时，雄性通过喷出精液到雌性恐龙的泄殖腔而使雌性受精；然后雌性个体在巢中产下恐龙蛋，之后成年个体会用身体覆盖住巢，保护后代，而且还会养育刚孵化幼体，直到它们成长至某种年龄。

头盾由大部分颅顶骨
与部分鳞骨构成

科属：角龙科，原角龙属 | 学名：Protoceratops Granger & Gregory

物种 1922年，纽约自然史博物馆组成一支探险队到蒙古戈壁大沙漠调查，1923年夏天，在火焰崖附近挖出大量化石，其中包括许多原角龙、鹦鹉嘴龙化石和兽脚亚目的迅猛龙、偷蛋龙化石。同年，沃特·格兰杰与W.K. Gregory正式叙述并命名了原角龙的模式种安氏原角龙，经过多年研究，科学家发现原角龙可能是三角龙的祖先。1972年，波兰古生物学家Teresa Maryanska与Halszka Osmólska叙述并命名了原角龙的第二种，即柯氏原角龙，其化石发现于蒙古坎潘阶，但这些化石由不完整的未成年体化石构成，现在被独立为新属，即柯氏矮脚角龙属。2001年，命名了发现于中国内蒙古巴音满达呼组的第二个有效种，即巨鼻原角龙，其体型明显大于安氏原角龙，并拥有稍微不同的头盾和更结实的颧骨角状物。2011年，人们在蒙古发现了一个原角龙蛋巢，内有15个原角龙幼年个体，这是第一个已确定的原角龙蛋巢，证明了原角龙有亲代养育习性，会养育刚孵化的幼体，由于原角龙是相当原始的角龙类，后期角龙科可能会继承这种亲代养育行为。

原角龙对于我们来说可能比较陌生，它只是偶尔出现在各种科普读物和影视作品当中，如它曾出现在科普探索类节目《恐龙革命》的第三集中

别名：不详 | 分布：蒙古、中国

恶龙 Vicious lizard

生活年代： 距今约7000万年前的白垩纪晚期

　　恶龙是一种小型恐龙，别看它身材小，还是很凶猛的，牙齿十分尖锐，尖端还有钩状弯曲。它特别喜欢吃肉，只要见到小一点的猎物，就会偷偷地跟踪，趁机把它们作为美餐。当它们非常饥饿时，可能会选择一些鲜嫩的果实来充饥。

形态 恶龙体型较小，体长1.8～2米；头颅骨较长，有些低矮；前排牙齿尖端呈钩状，牙齿形状不同；下颌的前四个牙齿向前突出，第一个牙齿从水平方向倾斜10度，这些牙齿较长，呈勺形弯曲。颈部呈"S"形弯曲；与其他阿贝力龙超科的恐龙相比，前肢较长，腕骨较圆，手掌上有三根手指，第四根手指退化，手指上的爪较短且不是很尖锐。

下颚第一颗牙齿几乎是水平的，前排牙齿尖端回钩，具有小锯齿

习性 **活动**：前肢较短，常采用二足行走，运动时灵活敏捷，奔跑速度较快，平衡力较好。**食性**：食性尚存在争议，大多数古生物学家认为它是杂食性，常以小型脊椎动物、无脊椎动物及一些鲜嫩多汁的果实为食。**生活史**：同其他恐龙一样，通过产卵方式繁殖；交配时雄性通过喷出精液到雌性的泄殖腔而使其受精；恶龙在很小时便可以达到性成熟，通常8～10岁时体型达到最大。

科属：西北阿根廷龙科，恶龙属 ｜ 学名：Masiakasaurus Sampson

物种 恶龙的第一块化石在非洲马达加斯加西北部晚白垩世Maevarano组中发现，2001年《自然》杂志首次描述了这块化石，完整度约40%，包含下颚、椎骨、前肢、腰带、后肢等。2011年，人们又发现了恶龙的另一块化石，完整度约65%，包括脑壳骨、前颌骨、面部骨骼、肋骨、部分手腕、肩胛骨，以及大部分颈椎和背脊，使科学家弄清楚了西北阿根廷龙科恐龙的许多特征。恶龙的发现也说明了西北阿根廷龙科的分散，不仅分布于白垩纪后期的南美洲，还分布于非洲的马达加斯加。然而，目前还没有弄清楚角鼻龙下目恐龙之间的进化关系。

很少出现在科普读物和影视作品中，目前只发现它曾出现在日本漫画家鸟山明的漫画作品《勇者斗恶龙》中

别名： 不详 | **分布：** 非洲东南部的马达加斯加岛

剑角龙　Horn roof lizard

生活年代： *距今约7750万～7400万年前的白垩纪晚期*

剑角龙个头不太大，却不好惹。头上长有一块又厚又圆的头盖骨，雄性的头盖骨厚度可达6厘米，顶得上半块砖的厚度。这厚厚的头盖骨是对付凶猛敌人的有力武器，受到敌人进攻时，便用那头盖骨猛地一顶，大多数攻击者都经不起这么一撞，不是断根肋骨就是折条腿，所以，在那个时代很少有动物敢惹剑角龙。

形态　剑角龙体型较小，体长2～2.5米，体重10～40千克。头上长有一块又厚又圆的头盖骨，呈半圆形，由许多小骨块组成，盖住了眼睛和后脖颈，厚度随着剑角龙年龄增长而增长。牙齿小而锐利，形状不规则，边缘不整齐。颈部短而粗壮，呈"S"形或"U形"。前肢较短，后肢较长，身躯不太大。坚硬的骨质尾巴长而厚重。

习性　**活动：**采用二足行走方式活动，身体十分敏捷，活动较为迅速，喜欢群集活动。**食性：**食性尚存在争议。有科学家推测，它们小而锐利的牙齿可有效地磨碎坚硬、纤维构成的植物，常以树叶、种子、水果以及昆虫等混合食物为食。**生活史：**通过产卵方式进行繁殖，繁殖期成年雄性个体通过撞头方式决出胜负，胜者与雌性个体交配；交配时，雄性通过喷出精液到雌性恐龙的泄殖腔而使雌性受精，但是否照顾孵出的幼仔，目前尚无明确研究结果。

学名在希腊文意为"有角的头顶"，头颅骨厚，头部后侧有一圈骨突

科属：肿头龙科，剑角龙属　|　学名：Stegoceras Lambe

物种 1898年，加拿大古生物学家Lawrence Lambe在加拿大阿尔伯塔省的马鹿河地区发现了两块来自于不同大小的个体头盖骨（标本编号分别CMN 515和CMN 1423）。1901年，他又发现了第3块类似的头盖骨化石，1902年将这些化石命名为"剑角龙"并进行了描述。1907年，John Bell Hatcher将标本编号为CMN 515的标本选定为模式标本。随后，科研人员又发现了很多剑角龙化石，包括身体的大部分骨骼，通过研究这些化石，最终研究确定了它的分类、形态特征、生理和行为特性、社会行为等。

经常出现在大众文化中，如一些科普类的影视作品《恐龙探秘》；不仅如此，它还出现在IOS开发的手机游戏《侏罗纪世界》中

别名：不详 | 分布：北美洲

葡萄园龙　Vine lizard

生活年代： *距今约7000万～6600万年前的白垩纪晚期*

葡萄园龙的化石最初发现于法国南部近利穆·布朗克特的葡萄园，故得名。它算是恐龙中的"高帅富"，首先，长得瘦瘦高高的，不像其他恐龙那么粗壮，其次身上没有什么可怕的装饰物，让人觉得它有个好脾气。它喜欢吃素，不会轻易对其他生物发起进攻。

形态 葡萄园龙体型较大，体长可达15米，体重约8000千克，背部具有皮内成骨形成的四块鳞甲，却表现出三种不同形状。头部较小；鼻孔很大，鼻骨略有些隆起；牙齿很小，高约21毫米，宽约6毫米。颈部非常长，背部脊椎上具有神经棘，近尾部神经棘逐渐变窄。前肢和后肢几乎等长，后肢较为粗壮。尾巴非常长，像一条鞭子一样。

习性 **活动：** 采用四足行走方式，四肢健壮有力，尾巴很长，奔跑时速度极快，平衡力较好。**食性：** 植食性，取食范围十分广泛，常以苏铁、针叶树、单子叶植物等为食。**生活史：** 目前研究结果表明，葡萄园龙同其他恐龙一样，通过产卵方式繁殖；繁殖期时，雌性个体常会在地下挖掘洞穴，将蛋产于洞中，并用泥土与植被覆盖住自己产的蛋，防止敌人破坏。

长颈，长尾巴，由鼻端至尾巴可达15米长，背部有皮内成骨形成的鳞甲 ●

科属：纳摩盖吐龙科，葡萄园龙属　|　学名：Ampelosaurus Le Loeuff

物种 1989年，人们在法国奥德省发现了葡萄园龙的第一块化石，包括数条肋骨、由背部至尾巴的脊椎、一颗牙齿及四肢骨头，但没发现头颅骨；人们还发现三个不同大小及形状的鳞甲。经细致研究后，人们发现这些化石来自几个不同的个体。之后，人们在同一地区发掘出更多化石，但并没有较为完整的骨骼化石。2001年，古生物学家又对该地进行长达13年的探索，发现了一块较为完整的骨骼，经过对这些化石的细致研究，最终确定了葡萄园龙的形态特征、生理特性和社会活动等信息，并最终明确了它的分类。

并不经常出现在大众文化中，曾短暂地出现于探索频道的电视节目《恐龙星球》第三集中，还出现在IOS开发的手机游戏《夺命侏罗纪》中

别名：不详 ｜ 分布：法国南部

祖尼角龙 Zuni-horned face

生活年代： 距今约1亿年前白垩纪晚期中土仑阶

祖尼角龙，学名为"Zuniceratops"，意即"来自祖尼部落的有角面孔"。有一个非常有趣的特征——口鼻处覆盖着一层褶皱突起，就像戴着一层"面纱"，可别小瞧这"面纱"，它能保护祖尼角龙在战乱中免受肉食动物的攻击。

形态 祖尼角龙身长3～3.5米，高约1米，重达100～150千克。头上长有一对发达的额角，随着年龄增长而增大，头后的头盾多孔。口鼻部低且较长，覆盖着薄而宽广的褶皱；前臂的每个手掌都有5根手指，后肢较粗壮，具蹄状结构，每个脚掌有4指，尾长中等，十分粗壮。

习性 **活动：** 四足行走，活动敏捷，善行走，常成群活动，白天大部分时间聚集在一起啃食植物，集群式活动很好地抵御食肉恐龙的进攻。**食性：** 草食性，取食范围为距离地面3～9米的植物，以蕨类植物的枝叶、苏铁植物、原始开花植物、裸子植物、松柏科植物、银杏等为食。**生活史：** 目前研究结果表明，繁殖季节会将产蛋的窝筑造在一起，连成一片，然后在窝中产蛋，孵化出的小恐龙常需要母亲的照顾，直到能独立生活为止。

顾名思义，它头上有一对明显的额角，是北美最早期的有角恐龙，也是世上最古老的额上生角的恐龙

科属：双角龙科，祖尼角龙属 | 学名：Zuniceratops Wolfe & Kirkland

物种 祖尼角龙生活的年代，地球上的环境发生了巨大变化，可以开采到的化石非常少，导致对其研究并不多。其化石最初发现于1996年，由古生物学家Douglas G. Wolfe的8岁儿子在新墨西哥州发现。2002年，北京古脊椎动物与古人类研究所的徐星，与纽约美国自然历史博物馆的前工作人员彼得·马克维奇对辽宁祖尼角龙进行了叙述，并公布了一个亲缘分支分类法研究；2005年，蒙大拿州波兹曼市洛基山博物馆的前研究人员布兰达·金纳利，叙述了倾角龙，并公布了一个新种系发生学；2006年，马克维奇与美国自然历史博物馆的马克·诺瑞尔将金纳利的研究采纳于他们的研究中，并加入祖尼角龙，使对祖尼角龙这个物种的研究更深了一步。

并不经常出现在大众视野中，目前采集到的化石并不多，大部分保存于美国自然博物馆，但对于网络游戏爱好者来说，它并不陌生，经常作为游戏中的厉害角色而出现

别名：不详 | 分布：美国新墨西哥州、中国辽宁

祖尼角龙

阿根廷龙 Argentine lizard

生活年代： *距今约9700万～9350万年前的白垩纪晚期森诺曼阶*

阿根廷龙是曾经漫步在大地上的最大型动物之一，只有易碎双腔龙比它长，或许有一些别的恐龙跟它一样长，甚至身高还比它高，但说起体重，很少有它的对手。它的体重相当于20头大象的总重量，这样庞大的体型导致它行走速度非常慢，每迈出一步通常不能超过2米，所以别看它长得很大，还是经常被一些大型恐龙作为猎食对象。

体型大，腿粗壮，脖子粗壮

形态 阿根廷龙体型巨大，体长30～35米，最大个体体长可达42米，体重80～100吨。头部较小，颈部极长。身躯十分粗壮，背部的一块脊椎就高达1.59米。前肢和后肢几乎等长，后肢比前肢粗壮。目前发现的最小个体大腿骨约长1.18米。尾巴长，且十分粗壮。

习性 **活动**：采用四足行走方式，体型巨大，尾巴很长，奔跑时速度较慢但平衡力较好，最快速度不会超过2米/秒。竞争对手是马普龙、南方巨兽龙。**食性**：植食性，取食范围较广泛，常以苏铁植物、针叶树、单子叶植物等为食。**生活史**：目前研究结果表明，阿根廷龙同其他恐龙一样，通过产卵方式进行繁殖；交配时，雄性通过喷出精液到雌性恐龙的泄殖腔而使雌性受精，然后雌性常将蛋产在较为湿润的河边。

目前发现的最大的陆地恐龙之一，名字彰显了其发现地——阿根廷

科属：南极龙科，阿根廷龙属 | 学名：Argentinosaurus Bonaparte & Coria

物种 1987年，阿根廷的一位农场主发现了一块巨大的化石，认为这只是一段化石化的木头，随后又发现了一些巨大的脊椎骨，这才明白化石应该是属于一只很大的陆地动物。随后，阿根廷古生物学家José F. Bonaparte和RodolfoCoria对化石进行了研究，1993年将这个巨大的生物命名为"乌因库尔阿根廷龙"。20世纪90年代，格雷戈里·S·保罗根据这些化石估测了阿根廷龙的体长为30~35米，体重约88~100吨。由于缺乏大量的椎骨，很难确定阿根廷龙究竟有多长。不过，后来有更多的巨龙类恐龙被发现，为阿根廷龙体型的估测提供了更多参考模板。综合对比后，学术界认为阿根廷龙的体长为30~40米。

荧屏上的常客，曾出现在《与恐龙共舞》的特别节目《巨龙国度》中，节目中一群阿根廷龙走到河岸以产下蛋，但途中遭到一群南方巨兽龙的猎食。它还出现在IMAX电影《巴塔哥尼亚恐龙》中，罗多尔夫·科里亚介绍了它的主要挖掘地点，此外还经常出现一些BBC纪录片中。

别名：不详 | 分布：阿根廷

南极龙　Southern lizard

生活年代：距今约8300万年前的白垩纪晚期

南极龙体型巨大，身材较匀称，不胖也不瘦，头出奇地小，脖子和尾巴却很长。和其他食肉恐龙相比，它平时走路总是慢悠悠的，脸上表情很柔和，不像其他恐龙那样总是张着血盆大口，一副要吃人的样子。所以，别看它体型巨大，在生活的那个时代，总是被那些"坏"恐龙们"骚扰"。

形态　南极龙体型非常巨大，体长通常超过18米，身高约4.5米，体重40～70吨，身体背面可能覆盖有鳞甲。头部较小，仅有60厘米长。颈部极长，长度可达14米。身躯十分粗壮；前肢和后肢几乎等长，后肢比前肢粗壮。尾巴极长，且十分粗壮。

习性　**活动**：采用四足行走方式，体型巨大，尾巴很长，奔跑时速度较慢但平衡力较好。**食性**：植食性，取食范围较广泛，常以苏铁植物、针叶树、单子叶植物等为食。**生活史**：目前研究结果表明，南极龙同其他恐龙一样，通过产卵方式进行繁殖，交配时雄性通过喷出精液到雌性恐龙的泄殖腔而使雌性受精。

大型蜥脚类恐龙，四足，草食性，长颈，长尾巴

科属：南极龙科，南极龙属　|　学名：Antarctosaurus von Huene

物种 1916年，人们发现了南极龙的第一块化石，1929年古生物学家休尼对它进行了详细的描述及命名。之后很多年，人们相继发现南极龙下面的一些种，后来研究发现这里很多种其实并不属于南极龙。南极龙的模式种是"Antarctosaurus wichmannianus"，1929年由休尼命名，种名是为纪念其化石的发现者地质学家Ricardo Wichmann。科学家根据化石推断出南极龙体重约34吨。1929年，休尼还命名了另一个种，即"巨大南极龙"（Antarctosaurus giganteus），这个种的化石非常少，最著名的是两块巨大的股骨，约2.35米长，科学家由此推断，体重可达69吨，只比重73吨的阿根廷龙小。1933年，在印度发现并描述的"北方南极龙"（Antarctosaurus septentrionalis），1939年前苏联古生物学家Anatoly Riabinin命名的"Antarctosaurus jaxarticus"及1970年命名的"巴西南极龙"（Antarctosaurus brasiliensis）在之后的研究中都被证实不属于南极龙。

南极龙几乎没有出现在大众文化中，目前仅出现在2013年上映的美国电影《恐龙时代》中

别名：不详 | 分布：南美洲的阿根廷和巴西、亚洲

巨龙　Titanic lizard

生活年代：*距今约7000万年前的白垩纪晚期马斯特里赫特阶*

2014年，人们在阿根廷巴塔哥尼亚地区发现了身长超过37米的巨龙化石，古生物学家推断这种恐龙可能是迄今地球上已知的最大生物。2015年1月15日，纽约美国自然历史博物馆正式展出了"巨龙"骨架，体型过于巨大，头部不得不伸出展览大厅。据科学家介绍，由于真实骨架太重难以安装，展厅现场呈现的"泰坦巨龙"骨架并非真的恐龙化石，而是由3D打印的玻璃纤维组成。

形态 巨龙体型较大，体长9～12米，身高约6.1米，体重约13吨。2014年，人们发现了体长超过37米的巨龙化石。它的身体背面有种骨质鳞甲；头部较小，面部较长，颈部也较为短小；身躯十分粗壮；前肢和后肢几乎等长，后肢比前肢粗壮。尾巴极长，且十分粗壮。

习性 **活动**：采用四足行走的方式，体型较大，尾巴很长，奔跑时速度较慢但平衡力较好。**食性**：植食性，取食范围较广泛，常以苏铁植物、针叶树、单子叶植物等为食。**生活史**：目前研究结果表明，巨龙同其他恐龙一样，通过产卵方式进行繁殖。交配时，雄性通过喷出精液到雌性恐龙的泄殖腔而使雌性受精。幼年的巨龙身上存在坚硬的骨质甲板，成年巨龙身上的甲板则退化成很小、很柔软的骨鳞，推测这骨质甲板对幼年巨龙起到很好的保护作用。

头小、尾长、四肢如大象般，颈部有点短

科属：巨龙科，泰坦巨龙属 | 学名：Titanosaurus Lydekker

物种 德国温特斯豪能源公司在阿根廷纽昆省开采石油时发现了一具几乎完整无缺的幼年巨龙骨骼化石，从肋骨到尾巴，连脚上所有脚趾和爪子都保存得异常完好，同时还有完整的背部骨骼、尾巴和一部分骨盆化石，但并没有发现它的头部和颈部。古生物学家发现，巨龙的皮肤上还存在大量骨质甲板。1997年，巴西里约热内卢联邦大学的古生物学家对在阿根廷巴塔哥尼亚发现的泰坦龙类的蛋进行了胚胎分析。研究发现，幼年时期泰坦龙类皮肤上覆盖的骨质甲板具有很强的保护作用，能够避免掠食动物的攻击和猎杀，但泰坦龙类成年之后其骨质甲板的作用就显得不十分重要了，其庞大身躯上的骨鳞显得很小、很柔软，不足以实现真正的防御保护。

巨龙对人们来说一定不陌生，2016年纽约的美国自然历史博物馆展出了一个巨型的泰坦巨龙，在展览的首日就吸引了成千上万的观众 ●

别名：泰坦巨龙、泰坦龙、无法龙 | 分布：欧洲、非洲、亚洲、南美洲

萨尔塔龙 Lizard from Salta

生活年代： *距今约7500万年前的白垩纪晚期坎潘阶到马斯特里赫特阶*

　　萨尔塔龙是一个身穿"铠甲"的小战士，背上和肋部都散布着许多圆形的骨质甲板，其间还长有数以千计的纽扣状突起装饰物。和其他恐龙相比，它既没有粗壮脚爪，也没有锋利牙齿作为杀敌武器，只能依靠这种特别"铠甲"的保护才得以生存。幸运的是，它长长的尾巴也可以护身，即便当其他肉食恐龙走到跟前，它依然能保持纹丝不动，毫无惧怕。

形态 萨尔塔龙体型较小，最大体长约5.5米，体重约2.5吨，身上具有皮内成骨形成的骨板——分为两种形态，较大的一种长约12厘米，呈椭圆形；另一种由小的圆的或五角星状的小骨板组成。头较长，鼻孔位于双眼附近，牙齿呈圆柱形，仅位于嘴部后方。颈部较短，颈椎短小，且数量较少。腹部宽广粗壮。四肢短小，但十分粗壮。尾巴较长。

习性 **活动**：采用四足行走方式进行活动，四肢短小，体重较大，不能快速地奔跑，幼年个体常集群活动，以抵御外敌进攻。**食性**：植食性，常以生活在同时代的植物为食，取食较高树木上的枝叶时可能以后肢站起，并将尾巴当作第三支柱，以接触到较高树枝进行取食。**生活史**：通过产卵方式进行繁殖，繁殖期时，数百只雌性个体会挖掘洞穴。交配时，雄性通过喷出精液到雌性恐龙的泄殖腔而使雌性受精；然后雌性个体在洞中产蛋，并用泥土或植被覆盖恐龙蛋，以抵抗大型掠食者的攻击。

背部有背甲，有庞大的身躯和长尾巴

科属：萨尔塔龙科，萨尔塔龙属　｜　学名：Saltasaurus Bonaparte & Powell

物种 1980年，约瑟·波拿巴与杰米·鲍威尔首次发现了萨尔塔龙化石，对它进行了叙述和命名。它的发现使古生物学家重新思考对蜥脚类恐龙的定义，在这之前，蜥脚类恐龙被认为是以巨大的体型作为防御手段，萨尔塔龙的确是种蜥脚类恐龙，但体型较小，身上还有直径介于0.5～11厘米的骨板。目前所发现的萨尔塔龙化石包含脊椎、四肢骨头、数个颌部骨头以及不同的骨甲，而且某些骨甲上具有尖刺。根据这些特征，科学家曾推测，在取食时，它们可能以后肢站起，并将尾巴当作第三支柱，以接触到较高的树枝。

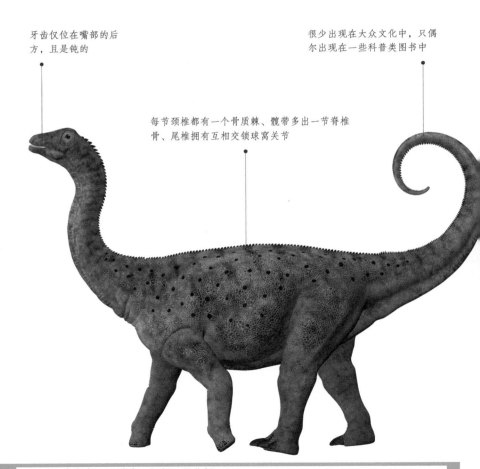

牙齿仅位在嘴部的后方，且是钝的

很少出现在大众文化中，只偶尔出现在一些科普类图书中

每节颈椎都有一个骨质棘、髋带多出一节脊椎骨、尾椎拥有互相交锁球窝关节

别名：索它龙 | 分布：阿根廷西北部

肿角龙 Perforated lizard

生活年代： 距今约6800万～6600万年前的白垩纪晚期

肿角龙长相十分奇特，是目前所发现的所有陆地生物中脑袋最大的一个，颈部有一个巨大的壳皱从头后部向上伸出，常被人们称为"颈盾"，相当于古代士兵手中所拿的盾牌，可以很好地抵御外敌进攻，所以，在当时几乎没有野兽能够攻击像它们那样看上去这么强大的动物。

形态 肿角龙体型较大，体长最长可达8米，体重4～6吨。头大而长，其长度约占身体的1/4~1/3。头前部形成一个窄而低的喙状嘴；颈部较短，其上有一个巨大的壳皱从头后部向上伸出，还有三个大角向前伸出。四肢粗壮，脚短而宽，前脚有五指，后脚有四趾，指（趾）的末端具有蹄状的构造。尾巴粗短。

习性 **活动：** 善于行走，采用四足行走方式进行活动，白天大部分时间成群地聚集啃食植物。**食性：** 植食性，常以植物幼嫩枝叶和多汁的根、茎等为食，具有集群取食的特性。**生活史：** 通过产卵方式繁殖。繁殖期，数百只雌性会挖掘洞穴；交配时，雄性通过喷出精液到雌性恐龙的泄殖腔而使雌性受精；然后雌性个体会在洞中产蛋，但是否会照顾刚出生的幼仔，目前尚无明确的证据。

肿角龙很少出现在大众文化中，只偶尔出现在一些科普类图书或一些动画片中

科属：角龙科，肿角龙属 | 学名：Torosaurus Marsh

物种 1891年，John Bell Hatcher在美国怀俄明州南部发现了一对其上带有孔洞、比较长的头骨化石，之后为它建立新属，即肿角龙属。目前只发现了肿角龙属下面的两个种：一个是1891年发现的一个部分头颅的化石标本（标本编号YPM 1830），后来人们将它命名为"Torosaurus latus"，并确定为正模标本；另一个是1976年在兰斯组发现的一个较长头颅骨（标本编号YPM 1831），后来人们将它命名为"Torosaurus utahensis"，并确定为副模标本，之后人们又发现了许多相关化石标本，经过详细研究后，最终归类于上述种或为之建立了新的属，并通过对这些化石标本的研究，最终确定它的形态和生理特征、社会行为及演化等相关证据。

别名：牛角龙 | 分布：北美洲，从加拿大萨斯喀彻温省到美国得克萨斯州的南部

甲龙 Solid lizard

生活年代： *距今约6800万～6600万年前的白垩纪晚期*

从外形上看，甲龙像一个身穿铠甲的小战士，全身披着厚重的甲骨，身上还配有尖如匕首的利刺。这种装备帮它抵挡住大部分食肉者，对于暴龙这类巨型食肉龙或其他大型食肉龙，甲龙的防御显得捉襟见肘。幸运的是甲龙与这种巨型食肉龙的相遇概率不高，要对付的一般是中小型食肉龙。甲龙身体十分笨重，只能用四肢在地上缓慢爬行，看上去像一辆坦克，也有人把它叫做"坦克龙"。

形态 甲龙体型中等，身长5～6.5米，宽约1.5米，高约1.7米，体重约2吨，皮肤像皮革一样厚实，极具韧性，身体两侧各有一排尖刺。头颅骨扁平，呈三角形，宽度大于长度。颈部、头部和身体两侧的上半部分均覆盖着骨质甲片，上面密布着脊突；臀部上方至尾巴大部分都长着棘刺，如匕首般尖利。

习性 **活动：** 四足行走，由于前肢较短，后肢较长，行动时后肢脚步会受到前肢的限制，十分笨拙、缓慢，常成群活动在远离海岸的高原地区。**食性：** 植食性，食性广泛，常以被子植物、松科植物、蕨类及苏铁科植物等为食。**生活史：** 同其他恐龙一样，通过产卵进行繁殖；交配时，雄性通过喷出精液到雌性恐龙的泄殖腔而使雌性受精，但是否会哺育后代，目前尚无明确证据。

科属：甲龙科，甲龙属 | 学名：Ankylosaurus Brown

物种 1906年，美国古生物学家巴纳姆·布朗带领研究队在蒙大拿州的地狱溪地层发现了大面甲龙的模式化石（编号AMNH 5895），包括头颅骨的顶部、脊骨、肋骨、部分肩胛骨及装甲，1908年被布朗命名。1910年，布朗在艾伯塔省发现了大面甲龙的另一块化石标本（编号AMNH 5214），包括一个完整的头颅骨及首次辨识出的尾巴棒槌、肋骨、肢骨及装甲。1947年，查尔斯·斯腾伯格在艾伯塔省发现了甲龙最大的头颅骨化石（编号NMC 8880），目前存放于加拿大自然博物馆。之后，还有很多相关甲龙化石被发现，人们通过这些化石确定了甲龙的分类、形态特征、生理习性、社会行为等信息。

背上的硬甲实质为硬化皮肤，具有较强防御能力，但较骨骼形成的龟壳相去甚远

甲龙自从1908年被叙述以来，已成为大众心目中装甲恐龙的原型，引起广大恐龙爱好者的浓厚兴趣。1964年，在纽约世界博览会会场，展出了一个完全比例的甲龙模型；它还短暂地出现在数部电影中，如动画《历险小恐龙》和2001年的《侏罗纪公园Ⅲ》等。

名字意为"坚固的蜥蜴"

别名：坦克龙　｜　分布：玻利维亚、美国的蒙大拿州、墨西哥等

皱褶龙　Wrinkle face

生活年代： *距今9900万～9300万年前白垩纪晚期*

头部具有装甲、鳞片和其他骨头，上有许多血管

　　皱褶龙的身材较为匀称，不大不小，不胖不瘦，羡煞旁人，但它也有苦恼，即很年轻时脸上就长满了"皱纹"，顿失美感。人们根据这一特点，将它命名为"皱褶龙"。它的头非常大，嘴也不小，捕食时迅猛有力，非常残忍。

形态 皱褶龙体型中等，体长7米，体重1.2吨，臀高2米。头骨较大，其上具有装甲、鳞片、肉质冠和14个孔洞，分列于头部两侧；面部具有不规则褶皱；前肢粗壮但极短，掌上3根手指长有利爪，后肢较长，脚掌具3根脚趾，尾部较长。

习性 **活动：** 后肢行走，为二足恐龙，运动速度较快，常白天捕食，捕食时会用前肢的利爪去撕裂猎物身上的皮肉。**食性：** 食肉性，也可能具有食腐行为，以生活在同时代的小至中型恐龙为食，也直接吃一些死去动物的尸体。**生活史：** 目前的研究结果表明，雄性可能通过喷出精液到雌性恐龙的泄殖腔进行繁殖。在繁殖期，雄性头上的肉质冠会变得异常美丽，以吸引雌性配偶。

科属：阿贝力龙科，皱褶龙属　|　学名：Rugops Sereno et al.

物种 2000年，塞瑞诺博士率领科学探险队在非洲尼日尔沙漠发现了一个皱褶龙部分头颅骨的前半段，研究后将它命名为"原皱褶龙"，这是目前唯一的皱褶龙化石，不仅有助于了解该地区兽脚类恐龙的演化，还证实了非洲在该时期仍为冈瓦纳大陆的一部分。2004年，著名古生物学家保罗·塞瑞诺博士与妻子共同创立的"主题探索组织"发布了皱褶龙头上两行孔的3D图片和复原图，经过多年研究后，塞瑞诺博士认为皱褶龙为食腐动物，

名字意为"有皱纹的面孔"

长着个大脑袋，有着一口锋利的牙齿，前肢粗壮，3根手指长有利爪，头上长有肉质冠——作用可能有两个：在异性面前炫耀，或用来调节体温，温度变化会使肉质冠显示出不同颜色。

虽然没有霸王龙那样闻名，没有鲨齿龙那样威猛，但还是会偶尔出现在大众文化中，它曾在2009年的电视节目《Monsters Resurrected》中猎食一只小潮汐龙，然后被一只棘龙所猎食，最后五只皱褶龙共同捕食掉一只棘龙。此外，它还常出现在各种有关恐龙的科普读物中。

别名：不详 | 分布：非洲尼日尔

伶盗龙　Swift seizer

生活年代： *距今约8300万~7000万年前的白垩纪晚期坎潘阶*

　　伶盗龙身体矫健，看到心仪的猎物时，会对它们穷追猛打，不管对方跑得多快，都逃不出伶盗龙的集体围攻。它还非常聪明，猎食小型猎物时，会先用脚掌、趾爪将其固定在地面上，然后用身体压住，再用鸟喙慢慢吞食猎物，直至猎物失血过多，失去生理机能，再慢慢享用自己的美食。

形态 伶盗龙体型中等，成年个体身长约2.07米，臀部高约0.5米，体重约15千克。大脑较大，颅骨很长，长达25厘米；口鼻部向上翘起，上凹下凸，嘴部有26~28颗牙齿，每个牙齿间隔较宽，牙齿后侧有明显的锯齿边缘；手部非常大，其上有三根锋利且可大幅弯曲的指爪，第一根指爪最短；第二指爪是当中最长的一根；脚掌有四根脚趾，且有大型、镰刀状的趾爪，第一根脚趾是小型的上爪。尾巴坚挺。

习性 **活动：** 迅速敏捷，尾巴在水平方向有良好的运动灵活性，常可快速奔跑而不会失去平衡，常成群捕食行动迅速的猎物。**食性：** 食肉性，可能具有食腐行为，以生活在同时代的小动物为食，也直接吃一些死去动物的尸体。**生活史：** 目前研究结果表明，雄性可能通过喷出精液到雌性恐龙的泄殖腔进行繁殖。在繁殖期，雄性可能用身上的羽毛来吸引雌性配偶，或在孵蛋时，用羽毛覆盖在蛋巢上以保护产下的蛋。

属名在拉丁文意为"敏捷的盗贼"

头颅骨长达25厘米，口鼻部向上翘起

科属：驰龙科，伶盗龙属　|　学名：Velociraptor Osborn

物种 1922年，美国自然历史博物馆的一支探险队在蒙古戈壁沙漠中发现了第一个伶盗龙化石标本，包含一个遭到压碎但完整的头颅骨和第二趾爪。两年后，该馆科学家亨利·费尔德·奥斯本在确定该标本属于一种肉食性恐龙后，将其命名为蒙古伶盗龙，但这个名称并未在科学文献与正式文件中提到，状态为无资格名称。1971年，波兰与蒙古团队发现了"搏斗中的恐龙"化石，保存了一只伶盗龙和一只原角龙搏斗的场景。随后多年，在中国、美国、加拿大、蒙古等国相继发现了多具伶盗龙化石。从20世纪开始，人们将研究重点转移到它的生物学行为、取食特性、生理特征及生活史等方面。

伶盗龙不仅是一般大众熟悉的恐龙，在某些国家，还常被奉为国宝级宝藏， 1971年，由波兰与蒙古团队发现的化石"搏斗中的恐龙"就被蒙古国视为国家级的宝藏。它还被称为明星恐龙，经常出现在一些文学和影视作品当中，如大电影《侏罗纪公园》《侏罗纪公园：失落的世界》，科普纪录片《恐龙星球》《与恐龙同行》《恐龙凶面目》等。

| **别名**：迅猛龙、快盗龙、速龙 | **分布**：蒙古及中国的内蒙古、四川泸州市 |

伶盗龙

阿贝力龙　Abel's lizard

生活年代：距今约8000万年前白垩纪晚期坎帕阶

阿贝力龙体型瘦长，牙齿比较细小，使其杀伤力减分不少。更奇特的是，它是出了名的"小短手"，虽有四根指头，但前肢几乎就是两根僵硬、无力的小骨棒，爪子也奇小，貌似没有什么用处。它长了一双大长腿，可像小型食肉恐龙那样健步如飞，是猎食的最大法宝。

形态 2010年Gregory S. Paul的研究结果表明，阿贝力龙体长约10米，体重约3吨。2016年最新研究结果表明，它体长约7.4米，头骨约859毫米。不像其他阿贝力龙科恐龙，它头顶没有突起或角，头骨底部较厚，但为减轻头骨的重量，其上有较大的空洞。眼睛上部有角质突起，口鼻部有粗糙的褶皱。与后肢相比，前肢较短小。尾巴较长。

习性 **活动：**常用二足行走，为二足恐龙，行动矫健迅速，最高奔跑速度可达56千米/小时。**食性：**肉食性，常以中小型食草恐龙等为食。**生活史：**目前的研究结果表明，雄性可能通过喷出精液到雌性恐龙的泄殖腔进行繁殖，更多考古证据有待进一步发掘、考证。

身材中等，前肢短小，头部和身体的比例较短

名字意思是"阿贝力的蜥蜴"，是为了纪念发现该标本的罗伯特·阿贝力（Robeto Abel）

科属：阿贝力龙科，阿贝力龙属　|　学名：Abelisaurus Bonaparte & Novas

物种 1985年，罗伯特·阿贝力在南非发现了阿贝力龙的第一块也是唯一一块化石，只有一部分头颅骨，右边部分缺失严重，大部分腭骨也缺少。为了纪念发现该标本的罗伯特·阿贝力——他是摆放该标本的阿根廷西波列蒂省立博物馆前馆长。阿根廷古生物学家何塞·波拿巴和奥尼拉斯·诺瓦斯于同年对它进行命名，将它分类在新建立的阿贝力龙科；之后的研究主要集中在对它形态特征的确定和生理习性的判断上。研究发现，它的前肢异常短小，科研人员推测，它可能在退化过程中。

并不经常出现在大众视野当中，目前只发现了它的一块化石，对它的了解较少。它偶尔出现在一些青少年科普作品中，如《侏罗纪公园》等

别名：食肉龙 | 分布：非洲、南美洲、印度、马达加斯加等地

玛君龙 Mahajanga lizard

生活年代： *距今约7000万～6500万年前白垩纪晚期坎帕阶*

　　玛君龙在阿贝力龙科中绝不算是大长腿，在捕食那些健步如飞的中型恐龙上并没有优势。它一般找行动迟缓的动物来"欺负"，捕食时常紧紧地咬住猎物，直至其奄奄一息，才开始慢慢享用美食。它还残忍地以同类为食，现在尚无证据显示它猎食同类活体还是吃掉同类尸体。

后肢较前肢长很多

形态 玛君龙体型中等，平均体长约7米，最长可达8米，成年体重约1200千克；与其他阿贝力龙科恐龙相比，头颅骨较短，最大个体头骨为60～70厘米，头顶的固定额骨有个明显的半球形角状物。前颌骨较高，口鼻部前端非常钝，鼻骨非常厚，并且互相固定，鼻骨下半部有个低鼻脊。前肢很短，后肢长且粗壮。尾巴较长。

习性 **活动：** 常用二足行走，为二足恐龙，行动十分矫健迅速。最高奔跑速度可达56千米/小时。**食性：** 肉食性，常以大中型草食性蜥脚类恐龙等为食；有同类相食现象，目前不确定是主动猎食同类还是以同类尸体为食。**生活史：** 目前研究结果表明，雄性可能通过喷出精液到雌性恐龙的泄殖腔进行繁殖；头上的角状物在不同个体间变化很大，研究人员常怀疑它们可能两性异形，但尚需更多有力证据来证实。

名字意为"马达加斯加的蜥蜴"

科属：阿贝力龙科，玛君龙属 ｜ 学名：Majungasaurus Lavocat.

物种 玛君龙化石是一名法国陆军军官在马达加斯加西北部贝齐布卡河沿岸发现的，包含两颗牙齿、一个指爪以及一些脊椎骨，目前存放在里昂第一大学。1896年，法国古生物学家Charles Depéret进行了描述、分类并命名。1955年，René Lavocat在发现第一个标本的同一地区发现了一些齿骨与牙齿，经研究符合Depéret首次描述的标本，Lavocat将其重新命名为"玛君龙"。之后100多年中，法国籍人员在马达加斯加西北部马哈赞加省发现了许多玛君龙破碎化石，许多目前存放在巴黎国家自然历史博物馆。1979年，汉斯·戴尔特·苏伊士与菲利普·塔丘特将玛君龙第四号标本的圆顶头颅碎片描述成一个新的厚头龙类恐龙，命名为"玛君颅龙"。1993年，纽约州立大学斯通尼布鲁克分校与马达加斯加安塔纳那利佛大学展开了马哈赞加盆地计划，挖掘并研究了马哈赞加省贝立佛查村附近晚白垩纪地层中的化石与地质。1996年，该挖掘团队发现了一个保存极良好的完整兽脚类头颅骨，该头颅顶部有个半球形隆起物，与苏伊士与塔丘特所叙述的玛君颅龙类似。接下来10年相继发现了一系列较不完整的头颅骨和数十个不同个体的部分骨骸，有幼年体和成年体。2007年，一份由7个关于玛君龙的科学研究所集合的专题论文在古脊椎动物化石学会的学会会议上发表，Lavocat对之前提到的齿骨进行了重新鉴定，并将它分类于玛君龙，玛君颅龙被玛君龙所取代。

曾出现在纪录片《侏罗纪格斗场》中，它们不仅被描述成同类相残的肉食恐龙，还详细地曝光了交配和生活情况

别名：玛君颅龙 | 分布：马达加斯加

奥卡龙 Argentinian lizard

生活年代： *距今约8300万年前的白垩纪晚期桑托阶*

奥卡龙算是恐龙界的"矮粗胖"，有典型的"大脑袋"，身材短小粗壮，身子和头的长度几乎相等。和其他近亲一样，它们都是短短的"胳膊"、长长的腿，这样的体型有它的道理，捕食时长长的腿让它拥有飞一般的速度，短小的身材又可以减少负重，小短"胳膊"可以在敌人靠近时猛地刺向敌人，然后将其杀死。

形态 奥卡龙体型中等，2010年Gregory S. Paul的研究结果表明，它的平均体长约5.5米，体重约700千克；2016年的研究结果表明，它的平均体长约6.1米。头颅骨很长，最大个体头骨长约85厘米，头顶无角状物。眼睛上方有一对低矮的褶状物。前肢很短，较其他阿贝力龙科的生物略长。手掌有四根手指，第一、四根没有指爪，第二、三根后则有指爪。后肢长且粗壮。

习性 **活动：** 常用二足行走，为二足恐龙，行动十分矫健迅速，追寻猎物时奔跑速度极快。**食性：** 肉食性，常以中小型草食性蜥脚类恐龙等为食，也以某些动物尸体为食。**生活史：** 目前的研究结果表明，雄性可能通过喷出精液到雌性恐龙的泄殖腔进行繁殖，其他更多相关证据尚有待进一步发掘。

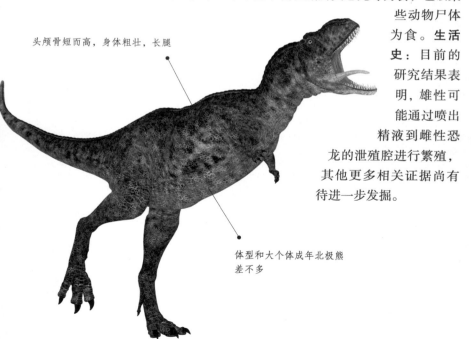

头颅骨短而高，身体粗壮，长腿

体型和大个体成年北极熊差不多

科属：阿贝力龙科，奥卡龙属 | 学名：Aucasaurus Coria, Chiappe & Dingus

物种 1999年，在阿根廷Anacleto地
层，发现了一具几乎完整的奥卡龙
化石，这也是唯一的一具奥卡龙化
石，它的完整度惊人，头部却有非角
状的肿块，一些古生物学家认为它在
死亡前可能正进行激烈的打斗。研究
发现，它的体长约4米，臀高1.7米，体重
750千克，体型和成年北极熊差不多，比近亲食肉牛龙
小很多，是食肉牛龙族中体型最小的；手臂较长，后肢很
长，奔跑速度非常快。

并不经常出现在大众视野当中，目前只发现了它唯一一块化
石，对它的了解较少。它偶尔出现在一些青少年科普作品
中，如《侏罗纪公园》等。它的仿真玩具模型深受小朋友的
喜爱。

别名：不详 ｜ 分布：阿根廷

食肉牛龙 Meat-eating bull

生活年代： *距今约7200万~6700万年前白垩纪晚期*

食肉牛龙，算是食肉龙中的"大长腿"，腿部极其长，小腿较细，加上长长的尾巴，不仅可以在运动时保持平衡，还可以使头向前伸，用头上的角来猛烈地撞击猎物，以此来捕食。它奔跑时速度可达每小时60千米，是已知奔速最快的大型恐龙，常被称为"白垩纪的猎豹"。

形态 食肉牛龙体型中等，体长8~9米，长于其他阿贝力龙科恐龙。头颅骨小而厚实，长约59厘米，其上有许多洞孔。眼睛上方有两只短而粗厚的角；口鼻部大；牙齿长而细薄，长度可达4厘米。胸部较为厚壮，前肢异常短小，其上有4指，第4指仅由掌骨构成；后肢很长，是后肢比例最长的食肉恐龙之一。尾巴极长。

习性 **活动：** 行动速度非常快，是已知速度最快的食肉龙，可达每秒17米（约每小时60千米）。**食性：** 肉食性，主要以小型猎物为食，可将猎物完整地吞进口中，偶尔猎食大型恐龙。**生活史：** 目前研究结果表明，雄性可能通过喷出精液到雌性恐龙的泄殖腔进行繁殖，额头上的角可能在求偶过程中发挥作用，但其他更多相关证据尚有待进一步发掘。

头顶有两只触角，顾名思义为"牛龙"

脑袋高，腿部极长，小腿较细，尾巴偏细

科属：阿贝力龙科，食肉牛龙属 | 学名：Carnotaurus Bonaparte

物种 1984年，阿根廷古生物学家José Bonaparte发现了食肉牛龙化石，这是迄今为止发现的唯一一具，完整度高达72%，只缺少绝大部分尾巴、绝大部分小腿及双脚，但具有多排小型皮内成骨，是少数发现皮肤痕迹的非虚骨龙类兽脚类恐龙。发现之初，它被错误地认为来自于白垩纪中期，与丘布特龙同期。2002年，Martinez Lamanna等人提出食肉牛龙的化石应来自La Colonia组，年代为白垩纪晚期到末期的马斯特里赫特阶，地层年代为7200万～6900万年前。之后，人们将研究重点转到它的形态及骨骼特征上，并与其他大型肉食性恐龙进行了系统比较。

从20世纪90年代中期开始，食肉牛龙不断出现在大众媒体中。它最早出现在迈克尔·克莱顿1995年出版的小说《侏罗纪公园2：失落的世界》中，它被作者夸张地添加了可依环境改变外表颜色的能力，类似变色龙或章鱼，但没有任何证据显示它具有这种变色能力。1996年，它出现在B级电影《Dinosaur Valley Girls》中；2000年，出现在迪士尼动画电影《恐龙》中，影片中两只食肉牛龙攻击一群草食性恐龙；它还出现在纪录片《恐龙消失后的世界》中。不仅如此，它的电动模型还出现在佛罗里达州迪士尼世界的动物王国中。

别名：牛龙、肉食牛龙、白垩纪猎豹 ｜ 分布：南美洲阿根廷的巴塔哥尼亚

薄片龙 Thin plate lizard

生活年代： *距今约8050万年前的白垩纪晚期*

薄片龙样子非常古怪，身体像侏儒一般，但有了超长的脖子便可以远远地偷袭猎物而不必担心被猎物发现。捕猎时它常悄悄地等待时机，然后闪电般地弹起脖子咬住猎物。长脖子有利必有弊，也限制了它攻击及自卫的能力，即无法像自己的"亲戚"短颈蛇颈龙一样捕食大型海生脊椎动物，影响了它的反应速度，导致在与体型逊色的沧龙交锋中常常处于下风，甚至沦为对手的猎物。

形态　薄片龙体型较大，平均体长约10.3米，最长个体体长约15米。头部较为扁平，侧面具有延长的头冠。前上颌骨有6颗牙齿，下颌骨的牙齿十分尖长。颈部极长，约由72个颈椎组成，长约6米。身躯很小，只有3块胸椎；四个鳍状肢如船桨一般。尾部具有至少18块尾椎。

习性　**活动**：常用鳍状肢在水中游动，但速度如海龟一样缓慢；可在水中进行取食，也可以将头潜到海底。竞争对手是沧龙、短颈蛇颈龙。**食性**：肉食性，常以水中的鱼类和小型生物为食，取食时常将食物整体吞咽下去，常去海床底部搜寻小鹅卵石吞食，帮助胃部研磨食物。**生活史**：同其他恐龙一样，通过产卵方式繁殖；繁殖期，往往要长途跋涉以寻找伴侣和繁殖地，有人推测它们有时会上到沙滩筑巢产卵；交配时，雄性通过喷出精液到雌性恐龙的泄殖腔而使雌性受精；成年恐龙会抚育幼仔直到它们独立生活。

脑袋小得和长颈不成比例

科属：蛇颈龙科，薄片龙属　|　学名：Elasmosaurus Cope

物种 1968年3月，Edward Drinker Cope描述并命名了一块在美国西部堪萨斯州发现的薄片龙化石，这是在北美洲发现的唯一一块薄片龙属的化石，组装化石时，他居然把头骨安到了尾巴上。随后，竞争对手指出了他的这一错误，Cope耿耿于怀，从此两人在挖掘恐龙化石的过程中明争暗斗，引发了一场"骨头大战"。之后，在美国蒙大拿州和阿拉加斯加州又发现了其他薄片龙化石，通过研究，人们最终确认了薄片龙的形态特征、生理习性和社会行为等方面的信息。

很少出现在大众文化中，只偶尔出现在一些儿童科普类图书中，如《世界上最好玩的恐龙科学馆:恐龙好霸道》

别名：依拉丝莫龙　|　分布：北美洲

薄片龙

第三纪

猛犸象　Woolly mammoth

生活年代：距今约480万～4000年前的上新世

　　猛犸象身材魁梧高大，有着雄厚的身躯和粗壮的四肢，浑身上下披着黑色的长毛，又被称做"长毛象"。它是一种极其抗寒的动物，皮下具有非常厚的脂肪层，但由于这一身可以御寒的皮毛，引来了人们对它的杀戮。当时，人们不仅以猛犸象为食，还把它的皮毛做成抵御寒冷的衣服。据科学家推测，人们的大肆捕食可能是导致猛犸象灭绝的一个重要原因。

形态　猛犸象体型较大，成年个体身长可达5米，身高约3米，体重6～8吨，最大个体体重可超过12吨。皮肤很厚，皮下具有极厚的脂肪层，厚度可达9厘米。身体表面披着黑色细密长毛；头上有2个很长的上门齿，其中一个向上弯曲，另一个向下弯曲，但没有下门齿。臼齿由许多齿板组成，齿板约有30片，它们排列得十分紧密。脖颈处有一个明显凹陷，身体最高点出现在肩部，然后开始沿着背部略向下倾斜。四肢较短，但十分粗壮。尾巴十分短小。

习性　**活动**：粗大的体型和短小的四肢大大地限制了它的运动速度和身体灵活度，运动起来十分缓慢、笨拙；常喜欢聚集在一起活动、取食。**食性**：植食性，夏季常以草类、豆类植物为食，冬季以灌木、树皮等为食。**生活史**：通过对其近亲现代象的研究，科学家推测，猛犸象生长速度较为缓慢，怀孕期较长，可能长达22个月，一胎只生育一个后代，幼象成活率极低。

科属：象科，猛犸象属　|　学名：Mammuthus primigenius Blumenbach

物种 在北冰洋沿岸俄罗斯领海中有一个小岛，岛上遍地都是猛犸象化石。后来研究发现，这些化石其实是冰块流动时从岸边泥土中带出的，堆积到这个小岛上。随着全球气候变暖，俄罗斯北部永冻层冰雪逐渐消融，致使一些先前被掩藏在冰层下的猛犸象尸体陆续出土。前苏联古生物学家在西伯利亚永久冻土层中发现了一头基本完整的猛犸象。2011年8月，萨哈共和国境内永久冻土中出土了猛犸象的大腿腿骨并发现了保存完好的骨髓，使致力于复原猛犸象的科学家兴奋至极。2012年8月，俄罗斯11岁男孩叶夫根尼·萨林德尔在泰梅尔半岛北部发现一具保存良好的猛犸象尸体——15～16岁时死亡，以萨林德尔的昵称"热尼亚"命名，因保存良好，被称为"世纪猛犸象"。2013年5月，俄罗斯探险团队在北冰洋一座岛屿上发现了一具雌性猛犸象尸体，年龄约60岁，是全球首次发现雌性猛犸象尸体。2015年4月，通过对出土于俄罗斯不同区域和时代的猛犸象标本进行研究，一个国际研究团队声称已提取了这种已灭绝厚皮类动物的完整基因组，获取了几乎完整的猛犸象生物数据资料，这也意味着科学家可以借助克隆技术重现物种。

别名：长毛象、毛象 | 分布：欧洲、亚洲、北美洲的北部地区

板齿犀 Thin Plate Beast

生活年代： *距今约260万～2.1万年前的上新世晚期至更新世中期*

当今世界陆地上最巨大的生物当属大象，犀牛屈居第二，但在上新世至更新世，曾存在过一种体型非常巨大的犀牛——板齿犀。它身形巨大，孔武有力，在同时期几乎没有天敌，在地球上分布十分广泛。如果它跟当今世界上的三种大象——亚洲象、非洲草原象、非洲森林象———对一单挑，估计半个小时内就可以将对手撞死。它的角更是惊人，除了比今天犀牛的角更粗大、坚韧外，平均长度甚至能达两米以上——今天犀牛角最高纪录也不过158厘米，相比实在是小巫见大巫了。

形态　板齿犀体型巨大，体长可超过8米，肩高可达3.5米，平均体重约5吨，最大个体体重超过8吨。头部呈圆钝状，前额上有一个角，长约2米；齿冠很高，齿面具有复杂的珐琅质裙皱。颈部较长；身体粗壮；前肢脚掌上具有4根脚趾，后肢脚掌具有3根脚趾。尾巴短小，总处于下垂状态。

习性　**活动**：前脚掌大于后脚掌，走路时有些跛行，但丝毫不影响它的速度，它善于奔跑，可做远距离觅食活动。**食性**：草食性，常啃食硬草，有时也以一些矮小植物为食。**生活史**：可能和其他犀科动物具有相同的繁殖行为。繁殖季节，一对板齿犀可能在一起生活4个月，雌性孕期为15～18个月，每次产下1只幼仔；幼犀出生后约半个小时才能站立，一个多小时后开始哺乳；之后小犀一直和母犀生活在一起，直到下一只幼犀出生；母犀每隔4～5年可生产一仔，寿命可达50年。

科属：犀科，板齿犀属　|　学名：Elasmotherium J. Fischer

物种 1930年，人们在中国泥河湾发现了板齿犀的一块牙齿碎片和几件肢骨，当时并没有引起重视，没对它进行详细描述和深入讨论，这些化石保存在天津自然博物馆。1958年，周明镇根据在山西发现的零星化石建立了板齿犀的两个新种。在俄罗斯西伯利亚南部也发现过相当丰富的板齿犀化石，包括不少完整的头骨。截至目前，较完整的板齿犀化石大部分发现于俄罗斯、中国。我国最完整的板齿犀化石发现于陕西旬邑县马栏镇西塬村，身长近5米，肩高超过3米，展览于旬邑大象犀牛化石馆。这些化石的发现引发了人们对其物种起源和生存的探讨，大多数人认为，板齿犀已经灭绝，也有人认为它长得与独角兽很像，独角兽可能就是未灭绝的板齿犀，但根据完整化石推测，这种假设并不成立。

作为一种灭绝了的史前动物，人们可能比较陌生。它很少出现在大众文化中，偶尔出现在一些儿童科普类图书中。它的形象曾出现在IOS开发的游戏《侏罗纪世界》中

别名：不详 | 分布：北亚、东北亚及中亚

中文名称索引

英文名称索引

拉丁名称（学名）索引

参考文献

［1］董枝明，张玉光.史前动物大百科.北京：化学工业出版社，2018.

［2］道格拉斯，帕尔默.史前世界大图鉴.北京：中国民族摄影艺术出版社，2018.

［3］托姆·霍姆斯.史前地球：早期生命·寒武纪.上海：上海科学技术文献出版社，2017.

［4］保罗·贝莱特.恐龙百科.北京：北京理工大学出版社，2015.

［5］托姆·霍姆斯.史前地球：恐龙时代的黎明·三叠纪晚期及侏罗纪早期.上海：上海科学技术文献出版社，2017.

［6］托姆·霍姆斯.史前地球：恐龙时代的辉煌·侏罗纪中晚期.上海：上海科学技术文献出版社，2017.

［7］托姆·霍姆斯.史前地球：恐龙时代的末日·白晋纪时期.上海：上海科学技术文献出版社，2017.

［8］卡万·斯科特.恐龙星球：揭秘史前巨型杀手.北京：人民邮电出版社，2016.

［9］威尔·拉赫,马克·A·诺雷尔.和恐龙一样酷的史前动物.北京：北京联合出版公司，2017.

［10］理查德森.恐龙与史前生命:200多种恐龙和始祖生物的彩色图鉴.北京：中国友谊出版公司，2008.

图片提供:

www.dreamstime.com